1　高野和子さんに贈られた仮設住宅の方々の手づくりの手芸品や伝統工芸品（写真提供高野和子氏）

2 「フクロウ」と「復興」を掛けて作られた壁飾り（写真提供高野和子氏）

3　仮設住宅自治会手芸クラブ手作りの紙人形（写真提供高野和子氏）

4　仮設住民が特に選んで高野和子さんに贈った大堀相馬焼（写真提供高野和子氏）

5　仮設住民手づくりの壁飾り。「事故ぼうし、ボケぼうし」の意味が込められている（写真提供高野和子氏）

6　編者が受領した仮設住民手芸クラブの皆さんの作品

7　2016年熊本地震の際、高野和子さんに贈った仮設住民の皆さんの寄せ書き
（写真提供高野和子氏）

8　手品を披露する高野和子さん（2013年5月4日）

9　高野和子さんの耕作田。この水田で収穫した米（高野米）で仮設住民の生活支援
（写真提供高野和子氏）

10　坂東玉三郎さんが来訪、これからも応援しますと激励を受ける
（2011年12月13日　写真提供渡邉悦子氏）

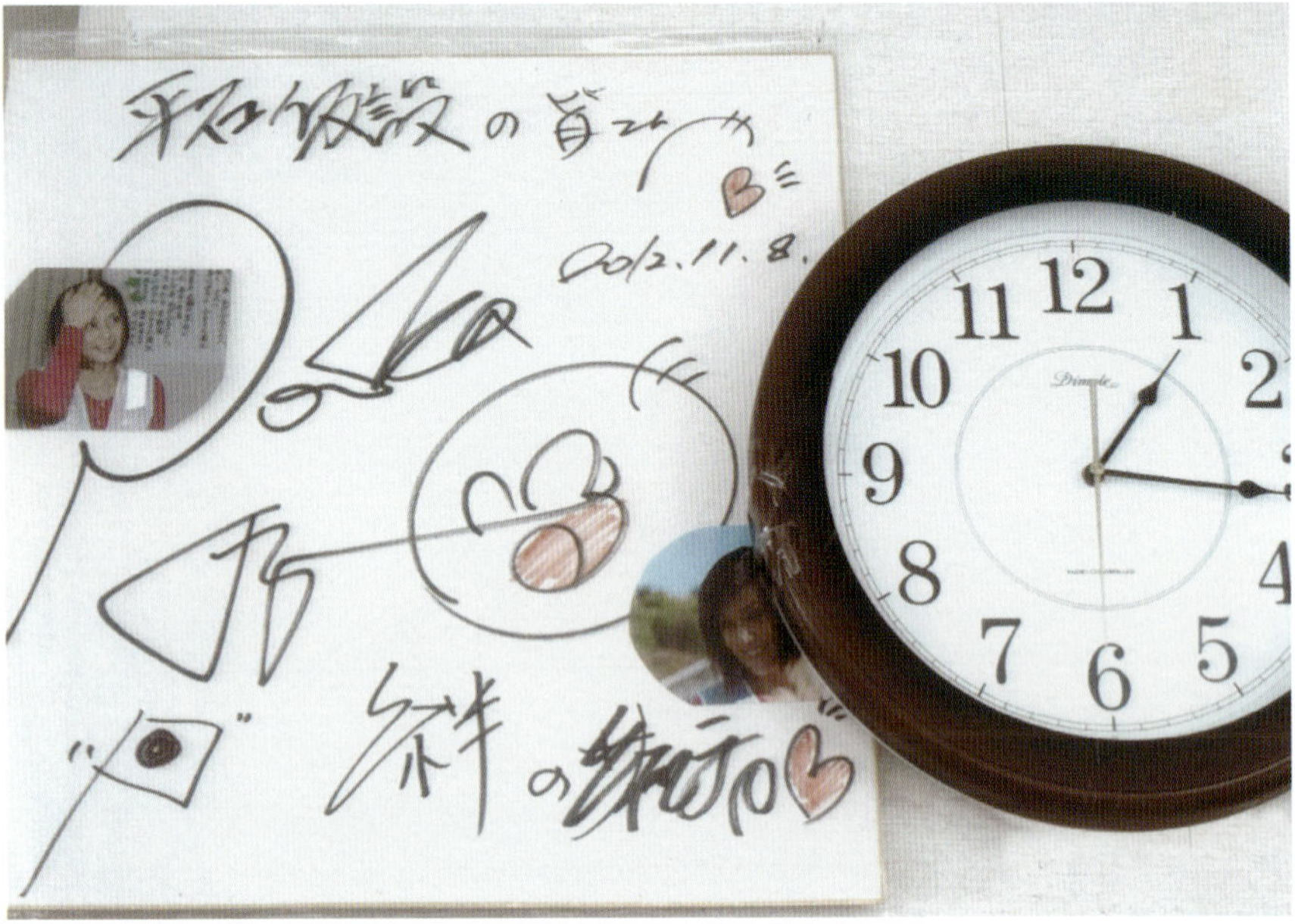

11　藤原紀香さんの訪問・色紙（2012年11月8日　集会所掲示）

12　江戸家猫八さん（四代目・故人）の訪問・色紙・集合写真（2013年10月25日　集会所掲示）

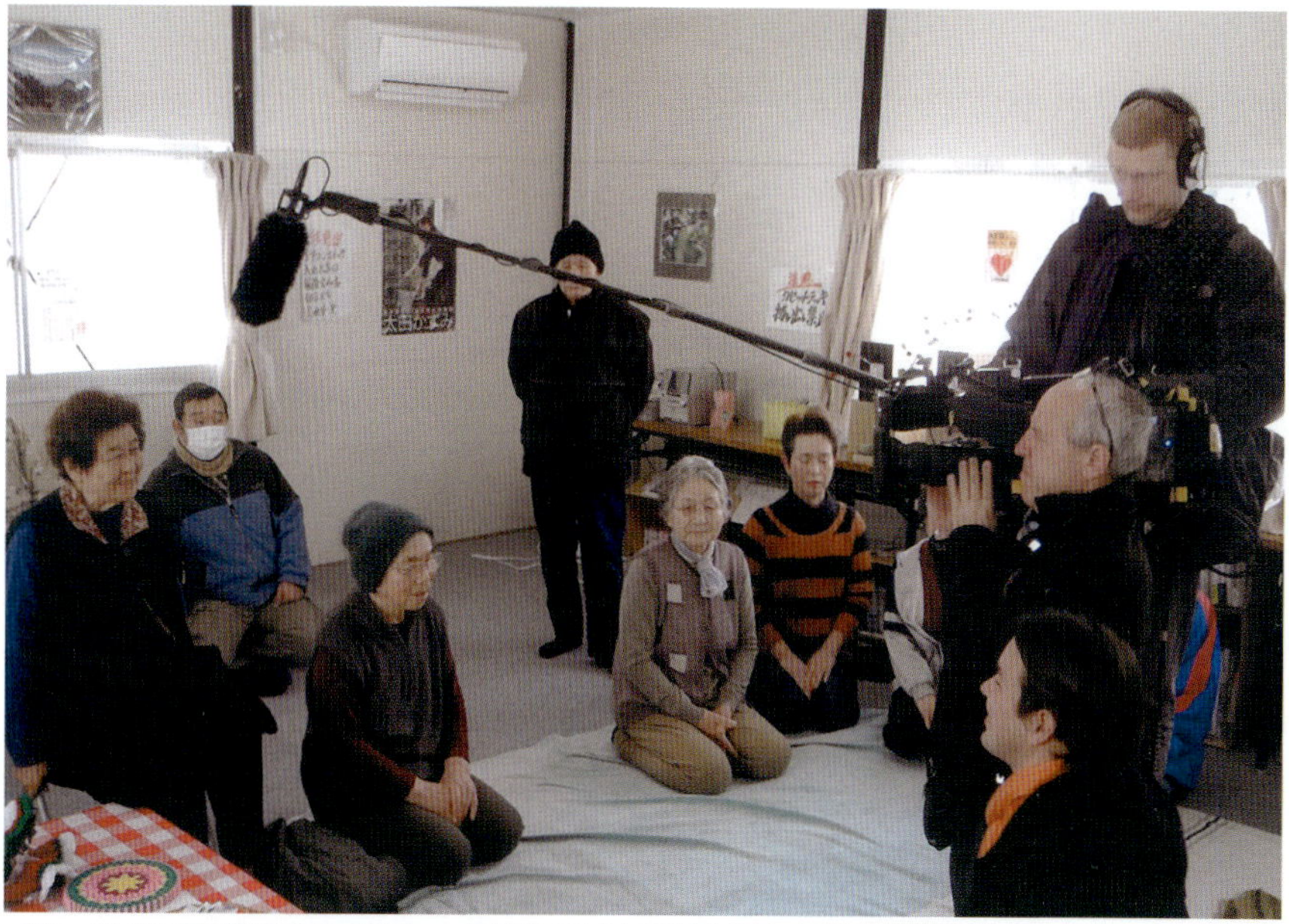

13　ドイツの報道記者インタビュー風景（2012年2月10日　写真提供渡邉悦子氏）

14　ドイツの報道記者インタビュー後の歓談（2012年2月10日　写真提供渡邉悦子氏）

15　三味線演奏後の大治はるみさんとの歓談（2015年8月30日）

16　本誌編集のための自主的な集まり・手づくりのおにぎりとおかずで（2017年5月27日）

◉ずいそうしゃ◉ブックレット 20

それでも花は咲く

福島（浪江町）と熊本（合志市）をつなぐ心

安 在 邦 夫［編著］

表 紙 写 真：二本松市旧平石小学校仮設住宅近接風景　（写真提供桑原和美氏）
表紙裏写真：2016年熊本地震の際、仮設住民から贈られた寄せ書き（写真提供高野和子氏）

はじめに

日本だけでなく広く東南アジアでも親しまれ唄われている歌があります。岩手県出身の歌手千昌夫が唄う「北国の春」です。なぜ、この歌は国境を越え民族を越えて広く人びとに愛され、唄われ続けているのでしょうか。〝お国なまり〟の入った郷愁・哀愁感をただよわせる歌手・千昌夫独特の資質・歌唱力に負うところも、多分にあるように思われます。しかし、広く世界の国ぐにで唄われていることを考えますと、主な要因はほかにあるようです。それは歌詞です。「あのふる里に帰ろかな、帰ろかな」と繰り返されることばが、多くの人びとの心を打ち、歌手の個性とマッチして一層共感・共鳴を呼んでいるものと思われます。ふる里を題材にした歌が多く作られ歌い続けられているのも、つらい日常生活の中で、喜びや慰みを〝ふる里〟から得ているからと思われます。〝心のふる里〟という言葉もよく聞きます。〝ふる里〟は時代を越え立場を越えて人びとの心のなかに生き、生活の支えになっています。

「北国の春」に歌われた心情に触れます時、想い起こすのが日本を代表する著名な学者・梅原猛《うめはらたけし》さんのエッセイ「帰郷」の一文です。次のように綴られています。梅原さんのような、常に〝前〟を向いて歩む大学者でも、〝ふる里〟は心を惹きつけ、癒し、涙させ、そして明日への活力を生み出す場なのです。

「ふるさとは遠きにありて思ふもの……帰るところにあるまじや……」と室生犀星《むろうさいせい》（小説家―注編者）は詠《うた》ったが、私も、幼少時代を過ごした愛知県知多郡南知多町大字内海《うつみ》字馬場の地を離れて約七十年の間、故郷を思いながら京都に住みついている。ところが最近、無性に故郷が恋しくなることがある。齢《よわい》九十になり、今は一応元気であるが、いつ何時体が衰えて、死のときを迎えるか分からない。それゆえいま一度、故郷へ帰り、私を育ててくれた養父母の墓前に近況を報告したいと思ったのである。……私はこれまで絶えず前を向いて、新たな人生を切り開いてきたので、思い出に耽《ふけ》る余裕はまったくなかった。ところが、故郷でほぼ昔のままの姿で保存されている私の育った家を見て、私はプルースト（「失われた時を求めて」という長編小説を書いたフランスの作家―注編者）のような気分になり、思わず落涙したのである。……私は養父母をはじめとする故郷の人々やその土地に深く感謝の思いを捧げて、京都・若王子の宅に帰ったのである。」（『東京新聞』二〇一四年六月二三日・夕刊）

「北国の春」や梅原さんのエッセイ「故郷」に見られる例は、〝ふる里〟を離れたひとから見た心象風景です。人生における〝ふる里〟の果たす有難さや重みが伝わってきます。しかし、梅原さんの「故郷の人々やその土地に深く感謝」の記述に示されるように、〝ふる里〟はこれを守る人と、土地があって初めて成り立ちます。すなわち〝ふる里〟は、実際にそこで生活を営む人びとにとっての〝場〟と、遠く離れて生活する人にとっての心の〝場〟と、二つの場を重ねもっています。東電福島第一原発事故は、この二つの場としての〝ふる里〟を、根こそぎ奪い取ってしまいました。この現実を見た時、わたくしは、原発をもつ〝ふる里〟を題材にした水上勉の小説『故郷』（集英社、一九九七年。集英社文庫、二〇〇四年）の一場面を思い起こします。老後を故郷で過ごしたいと考えている夫婦の会話に次のような箇所があります。

「あなたにいつまでも働いてもらって、あたしがのんびりというのもいけないけど。でも、こっちへもどって働かれてもわずかのことよね。若狭に固執するわけではないけど、都会の騒々しい暮らしはもうごめんだわ」

「その若狭に原発がなければなァ」

と孝二はぽつりといった。いってから、ちょっと富美子の顔をうかがうような眼になった。

「原発はおきらいですか」

「きらいというわけじゃないけど、やっぱり、いままで働いた金をつかって、老後の安住の地をもとめるとすれば……何も、ぼくらの世間では評判もわるい原発の近い村までゆくのは……ちょっと、気になるんだよ」

「やっぱり、原発の村は老後のくらしににつかわしくないですか」

富美子は、夫のいうこともよくわかる。夫ばかりではない。長男の兼吉もいったのだ。

〈あれは文明のお化けだよ。何も年をとってからお化けの棺桶のそばへ眠りにゆかなくてもいいじゃないか〉（二五九～二六〇ページ）

「文明のお化け」と水上氏が表現した原発は、いまや人の住めない場所を造り出しました。東電福島第一原発事故のために、〝ふる里・福島県川俣町の山木屋地区〟を追われた小学六年生の児童が綴った次の詩の重みを、わたくしは考えずにはいられません（「四年目の被災地から、借り暮らしの学びやで②」、『東京新聞』二〇一四年四月一七日・夕刊）。

帰れない／放射線が降ってきて／恐くて怖くて帰れない／放射線は良くないと／まわりの人はたくさん言う／帰りたい／前みたいな大きな森で／たくさんたくさん遊びたい／帰りたい／帰れない／帰れないけど／帰りたい（／は編者記）

児童の詩は、東電福島第一原発事故で被災し避難生活を余儀なくされていた方々の心情を代弁していると思われます。見事な感情の表現です。同地区は「原発から北西に約四十キロ。阿武隈山地の中にある人口約千三百人の農村」（「『古里を失う』とは、原発賠償裁判・山木屋検証から」、『東京新聞』〈坂本充孝「ふくしま便り」〉二〇一六年一一月五日）で、原発事故発生後「居住制限地域」「避難指示解除準備区域」に指定・分離され、地区住民は町を出るように勧告されました。それから六年余、政府は二〇一七（平成二九）年）三月末に居住制限および避難指示を解くことを決め、元の地へ戻ることを可としました（前掲同新聞）。しかし、わたくしの見聞するところ、除染の状況・生活インフラ整備等々の問題から、同地区に戻れる客観的条件が備わっているようには思われません。原発被災者は〝ふる里を喪失した〟として東電に対し慰謝料を求めた訴訟を行い、現在裁判が進行しています。原告団約五百九十人のうち約三百人が山木屋地区の住民といわれます（前掲新聞）。その原告団長を務める川俣町々議会副議長の次の言は、原発事故被災者以外の誰しもが意に留め、肝に銘じておかなければならないことであると思います。

古里とは、都会の人が考えるように感傷に浸る場所のことではない。共同体がなければ営農はできず、農村では生きられない。生活基盤が古里であり、それが崩れた。これをどれほどの価値の喪失と判断するのか。裁判官に問いたい。

生活基盤の崩壊という問題で想起されるのが、原発事故で父親が職を失いふる里を離れて過ごすことになった一家の児童に降り注いだ問題です。新聞・テレビなどマスコミで取り上げられましたので周知のように、移り住んだ地で〝放射能を運んできたばいきん〟という扱いを受けていじめられ、さらには多額のお金を巻き上げられ不登校になったという事例です。いじめの言動は論外ともいうべき重大問題で実態の究明が求められます。が、このこと以上に問題なのは、学校も地域の教育委員会も〝いじめ〟の事態の掌握と解決に真摯に取り組んでこなかったという事実です。このことは大いに糾弾されて然るべきことです。「いままでなんかいも死のうとおもった。でも、震災でいっぱい死んだからつらいけどぼくはいきるときめた」（『朝日新聞』二〇一六年一一月六日）という当該児童の言動に救われる思いがします。しかし、それで良しとすべきことがらでは絶対にありません。

東電福島第一原発事故で、まず、そして最も考えるべきことは何でしょうか。それは避難命令を受けた被災者の問題であると、わたくしは思います。被災者・避難者は生活・生業の場を失いました。家族は引き裂かれました。地域のコミュニティ（生活共同）が壊されました。伝統や歴史を失いました。すなわち、家族の楽しい語らい、生業への夢と希望、地域の交流とそこから生み出され育まれてきた伝統などを失くしました。このような人びとの目線に立ってこそ、問題の本質と解決すべき課題と未来が見えてくるように思われます。いわれなき〝いじめ〟に遭い苦しみつつも、大震災で命を落とした友達の分も強く生きると決意した児童、心の苦しみを文字で綴り詩という形で表した子供の前掲の事例は、氷山の一角と思われます。将来を担う子供たちへ与えた問題は深刻で重大です。このような実態から目をそらすことなく直視し、何をどのようにすべきか真剣に考えていくべきか、国民はいま、強く問われています。

福島県双葉郡浪江町は自然環境に恵まれ、海の幸・山の幸の豊富な住みよいところです。歴史も古く民俗芸能も豊かにもつ伝統のある町です。また、古くは特産品「大堀相馬焼」、近年では「なみえ焼そば」やテレビ「DASH（ダッシュ）村」で広く知られるようになりました。町民は、この自然と歴史を守り発展させることを第一に、原発の〝安全神話〟や、原発設置に伴う〝交付金〟に惑わされることなく、原発設置反対の姿勢を貫きました。しかし、二〇一一（平成二三）年三月に生起した東日本大震災による東電福島第一原子力発電所爆発事故は、町民を奈落の底に突き落としました。浪江町は町民すべてが避難の勧告を受けることになりました。放射能飛散の危機で、町からの立ち退きを命じられた時の町民の皆さんの心境は察するに余りあります。東電福島第一原発事故から早くも六年以上の歳月が経っています。二〇二〇年開催と決まった東京オリンピックへの関心が高められるなか、原発事故の〝風化〟が進んでいます。そのような状況を考えます時、いま、あらためて同事故を直視し考えなくてはならないような事態に至っているように思われます。そのためには過ごし来た日々のことを書き留めておく必要があります。事実と記憶・思いの記録化です。

本小冊子は基本的には以上のような現状認識と問題意識から、二本松市の旧平石小学校仮設住宅で避難生活を送られた浪江町の皆さんの素直な気持ちや生活風景を、コメントは付さずそのままに、若干の関係資（史）料を添え編んだものです。

本書は、以下の通り三部構成で成っています。

第一部　望郷・ふる里浪江

Ｉ　原発事故の発生で浪江を急ぎ脱出することを命じられ、避難先を求めて各地を転々と流浪した末、二本松市旧平石小学校仮設住宅に落ち着くまでの経緯。

Ⅱ　仮設住宅で過ごす日々の精神的苦しみやふる里への思いを綴った町民の偽りのない率直な心模様。
Ⅲ　心身の苦しみを乗り越え、新しいコミュニティ作りに努めて過ごしてきた仮設住宅六年余の数々の忘れ得ないできごと・想い出の風景。
Ⅳ　ドイツで放映された同国TV報道記者の旧平石小仮設住宅の訪問・インタビューの様子の記録。
Ⅴ　浪江の美しい自然の風景を想い偲びながら、〝帰還〟の日を夢見て仮設住宅で歌った〝望郷〟の唄。

第二部　福島と熊本・お互い様の心

Ⅰ　旧平石小仮設住宅の人びとと熊本地震被災者の交流を伝えた新聞報道。
Ⅱ　遠く離れた熊本から物心両面で浪江の人びとを支援してこられ、新聞でも報道された高野和子さん（合志市）の手記。
Ⅲ　仮設住民横田清子さんが〝心の真実〟を書き綴り送り続けた高野さん宛ての手紙。

第三部　追憶の人・原発への思念

Ⅰ　浪江町民として原発敷設計画が報じられた当初より反原発運動に邁進し、原発事故に遭遇してからは「反原発運動は現在の自由民権運動」と言い放ち、原発反対運動に邁進した大和田秀文氏の手記及び活動の記録。
Ⅱ　二本松市・浪江町・合志市（熊本県）の高野さん・編者を結ぶ奇縁と、被災後の浪江町の状況や仮設住宅で暮らす避難者の生活の実状に触れた編者が、原発問題の現状と課題について抱く思い。

※本文掲載写真について特別の記述のないものは編者が撮影したものです。

東日本大震災・東電福島第一原発事故、および熊本地震で被災された方々、故郷を離れることを余儀なくされ避難生活を送られた方々、そしていまなお避難生活を強いられておられる皆様に対し、心よりお見舞い申しあげます。

第一部　望郷・ふる里浪江

Ⅰ　ふる里・浪江からの脱出を想い起こす

浪江脱出・流浪・仮設住宅への入居

1　東電福島第一原発事故の発生と町役場の二本松市移転

東日本大震災・東電福島第一原発事故の発生から、浪江町の町民が退避の勧告を受け、町が役場の機能を二本松市へ移動するまでの経緯を示すと次の通りである。

(1) 東電福島第一原発事故の発生

2011年3月11日

14：46　震度6強の地震発生（震源＝三陸沖M9・0）
14：54　震度5弱の地震発生（震源＝福島沖M6・1）
15：33　津波第一波到達
15：37　福島第一原子力発電所1号機で全交流電源喪失
（15：41までに1〜5号機の全交流電源喪失）
15：42　原子炉全交流電源喪失（原災法第10条第1項特定事象）
16：28　震度5弱の地震発生（震源＝岩手沖M6・6）
16：36　原子炉非常用冷却装置注水不能（原災法第15条第1項特定事象）
17：40　震度5弱の地震発生（震源＝福島県沖M6・0）
19：03　福島第一原発「原子力緊急事態宣言」発令
21：23　政府、半径3㎞圏内の住民に避難指示、半径3㎞〜10㎞圏内の住民に屋内退避指示（町は退避指示未確認、報道により事実確認）

3月12日

5：44　政府、避難指示を半径3㎞〜10㎞圏内に拡大（町は退避指示未確認、報道により事実確認）

6:07　町災害対策本部会議（10㎞圏外への避難決定）
13:00　町災害対策本部会議（津島支所へ移転決定）
15:36　福島第一原発1号機の爆発音到着
18:25　内閣総理大臣、避難指示を半径10㎞～半径20㎞圏内に拡大（町は退避指示未確認、報道により事実確認）

3月14日

11:01　福島第一原発3号機で水素爆発。

3月15日

4:30　町災害対策本部会議（二本松方面への避難方針決定）
10:00　二本松市へ住民移動開始～夕刻。二本松市役所東和支所に役場機能移転完了。
11:00　政府、半径20㎞～30㎞圏内の住民に屋内退避指示。

3月25日

政府、半径20㎞～30㎞圏内の住民に自主避難要請。

4月22日

東電福島第一原発から半径20㎞圏内を「警戒区域」、半径20㎞～30㎞圏内を「計画的避難区域」「緊急時避難準備区域」にそれぞれ設定。

5月23日

福島県男女共生センター（二本松市）へ役場機能を移転（出典：福島県浪江町長 馬場有講演配布資料『浪江町の被災状況及び復興への課題』〈毎日メトロポリタンアカデミー、２０１５／３／４〉。以下「浪江町長馬場有講演配布資料」と略記）。

原発事故発生当初、町は「警戒区域」（福島第一原発から半径20㎞圏内）、「計画的避難区域」（同20～30㎞）・「緊急時避難準備区域」に分けられた。そして避難後は「避難指示解除準備区域」（放射能年間積算量20ミリシーベルト以下）・「居住制限区域」（同20～50ミリシーベルト）・「帰還困難区域」（同50ミリシーベルト超）に区分された。

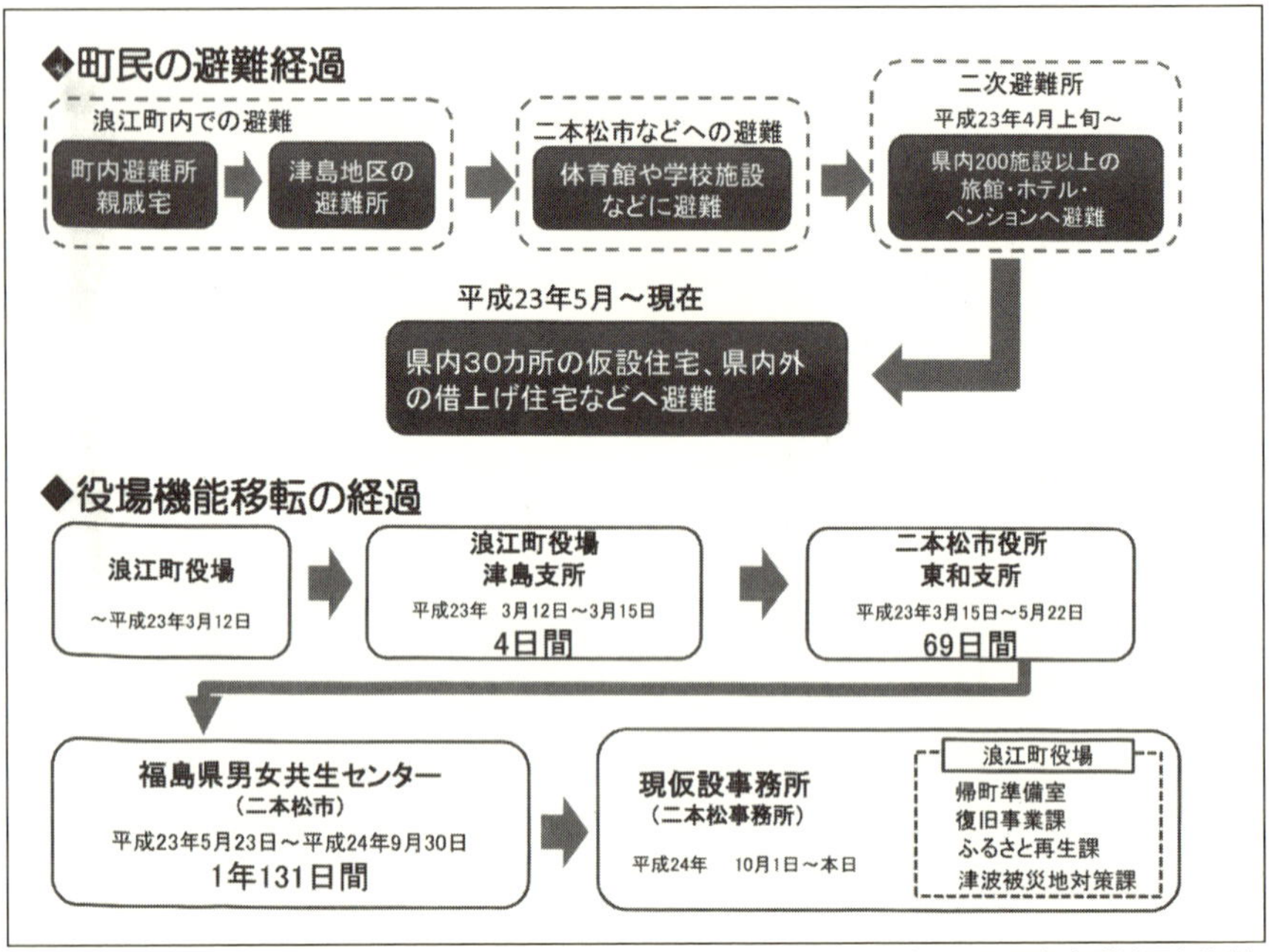

浪江町長 馬場有講演配布資料

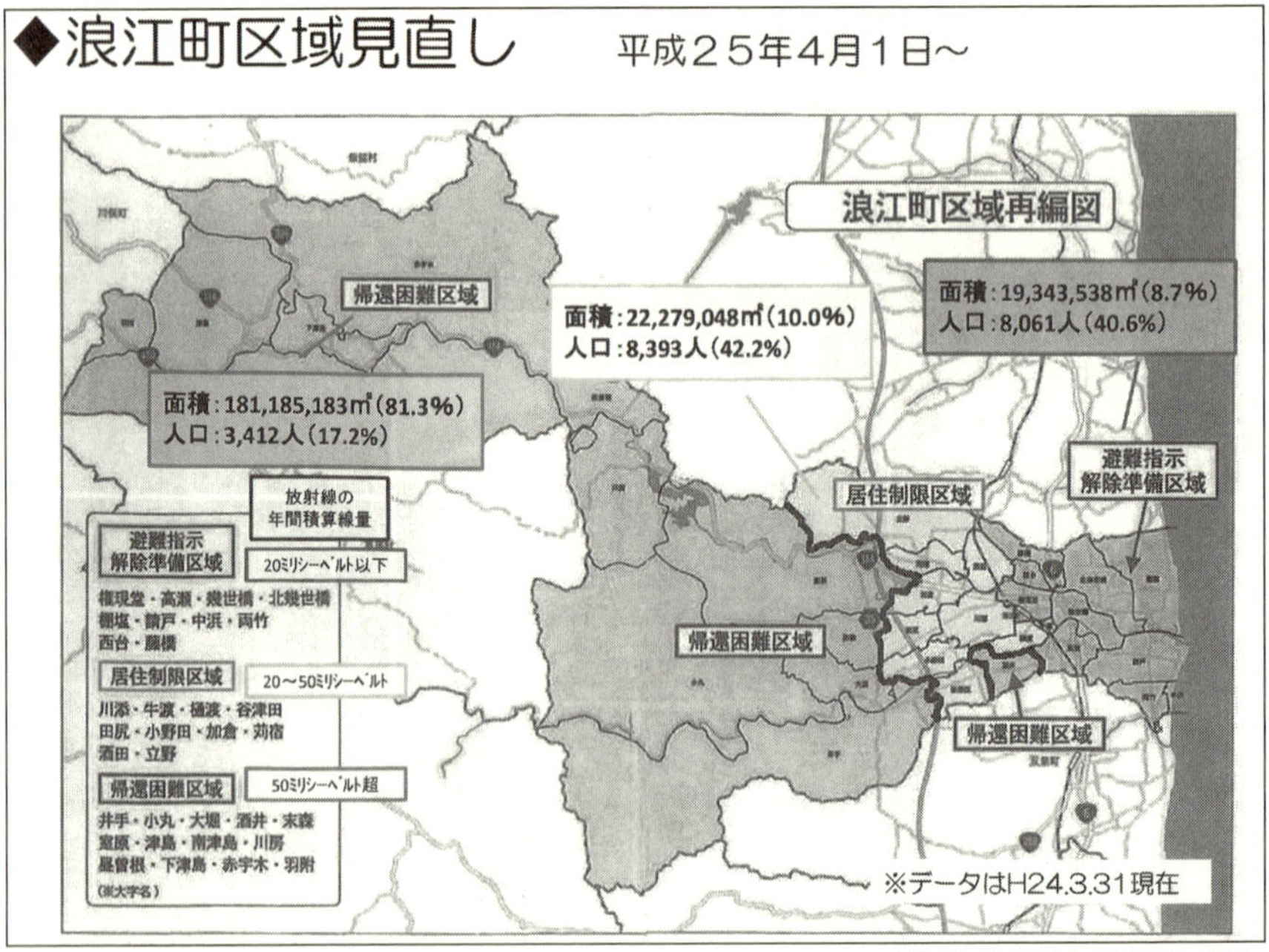

浪江町長 馬場有講演配布資料

（2）町役場の二本松市移転と仮設住宅建設

2011（平成23）年5月、浪江町は二本松市内に役場の機能を果たす場としての、仮庁舎をともかくも確保した。そして緊急の課題である避難町民の住む場所・仮設住宅の建設を行った。仮設住宅の建設は福島市・二本松市・本宮市・相馬市・南相馬市・桑折町・川俣町の各市町におよんだ。避難者が最も多かったのが仮役場が置かれた二本松市で、設置された仮設住宅は11カ所である。

浪江町の応急仮設住宅入居状況（平成25年12月25日現在）

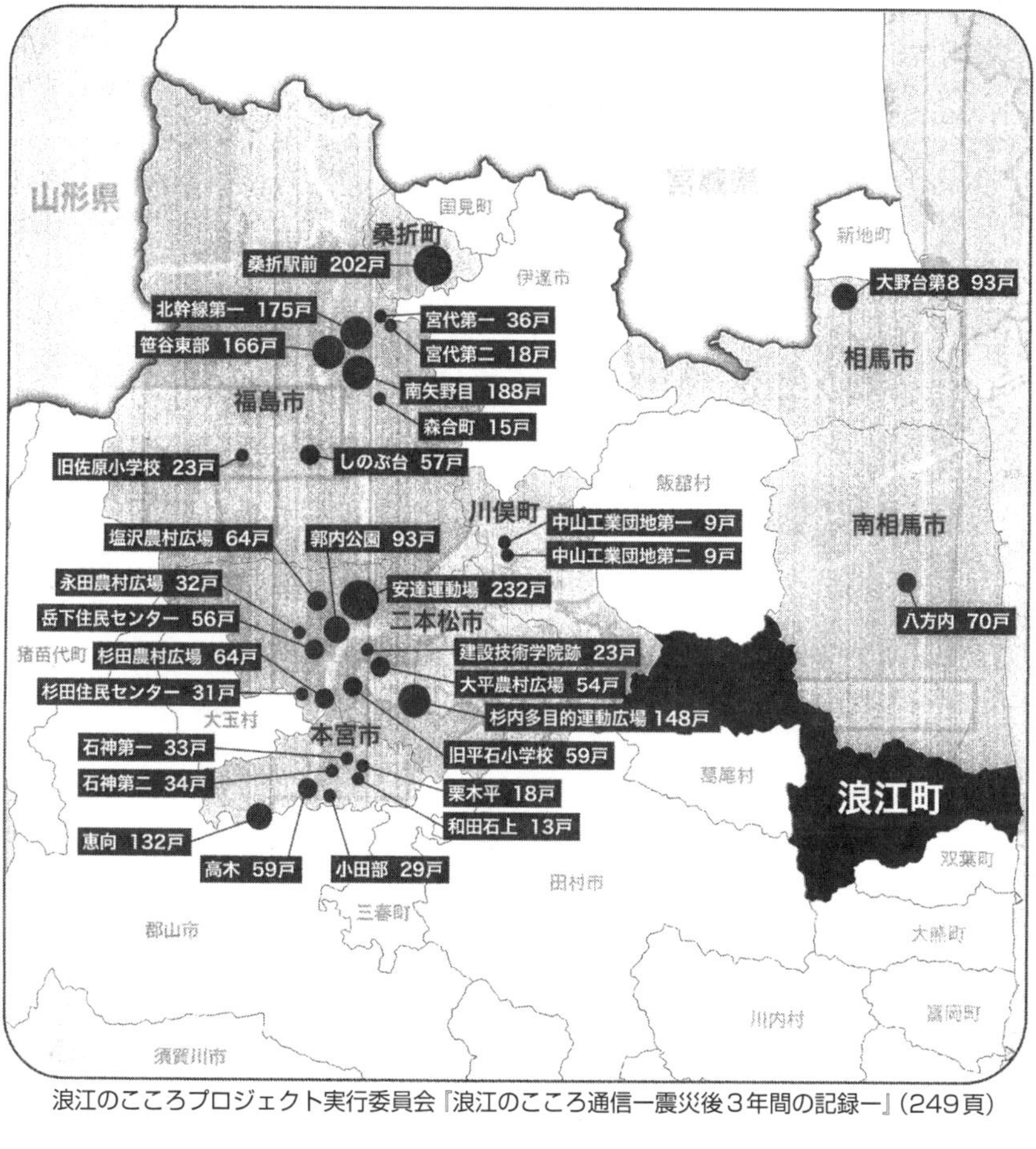

浪江のこころプロジェクト実行委員会『浪江のこころ通信ー震災後３年間の記録ー』（249頁）

〈2016年（平成28）：二本松市内仮設住宅住居戸数〉

仮設住宅名	自治会名	郵便番号	住所	入戸数
郭内公園	郭内公園	964-0904	二本松市郭内2丁目93-1	71
塩沢農村広場	塩沢農村広場	964-0001	二本松市中ノ目100	44
岳下住民センター	岳下住民センター	964-0887	二本松市三保内72-1	52
旧平石小学校	旧平石小学校	964-0982	二本松市赤井沢472	51
安達運動場	安達運動場	964-1404	二本松市由井字長谷堂230	194
建設技術学院跡	建設技術学院跡	964-0938	二本松市安達ヶ原1丁目55-1	18
杉田住民センター	杉田住民センター	964-0858	二本松市西町223-1	24
杉内多目的運動広場	杉内多目的運動広場	964-0314	二本松市西勝田字杉内235	99
杉田農村広場	杉田農村広場	964-0837	二本松市七ツ段128	39
大平農村広場	＊H 28解散	964-0957	二本松市太子堂327	36
永田農村広場	永田農村広場	964-0029	二本松市永田6丁目513-2	27

旧平石小仮設住宅旧自治会関係文書

2　仮設住宅（旧平石小学校）への入居

〈入居までの経緯〉

避難勧告を受けた原発事故被災者が仮設住宅に入居するまでには、さまざまの地域を転々とすることを余儀なくされた。その苦労・大変さについては、当事者以外余り理解されていない。概して語られ記録されたものが少なく、したがって一般に関心も寄せられてこなかったというのが実情である。突然、〝家族みんなでいますぐこの町を出よ〞といわれた時の気持ち・不安はいかばかりか。そうした事態が生じた場合への対応に関する課題は、事故後六年余を経たいまなお真剣に討議されているとは言い難い。事故の教訓が活かされていないまま、原発再稼働の動きが、現在顕著になっている。避難を命じられた側の次の記録は（二本松市旧平石小仮設住宅入居までの経緯を記して頂いた）、その非をただしている（氏名の記載は五十音順）。

□天野淑子氏

3／12　浪江町職場。
3／15　（0：00）南相馬市合同庁舎→（15：00）白河市県事業団→（17：00）栃木県黒磯ホテル（会社で準備）。
3／16　栃木県那須保養所（会社の保養所）。
3／18　群馬県前橋市富岡町の友人の親戚宅。
3／24　前橋市営団地。
11／11　二本松市旧平石小学校仮設。

□K・N氏

3／13　昼頃、町の指示で津島へ。ものすごい人の中、やっと工場跡地に入る。帰してもらえず、そのまま床の上で寝た。
3／14　コンクリートの上で過ごす。
3／15　朝食のおにぎりを食べていた時、町よりすぐ二本松へ行けとの話。すぐ出発。走り回って、夕方、やっと体育館へ入る。ストーブも無い寒い中、下に災害用毛布一枚をしいて、上に一枚をかけて寝る。四月まで、ここで過ごす。寒かった。
4／10　町から、私達三人は猪苗代のロッジに行くように言われ、移動。全く知らない土地、知らない人達と七月いっぱいまでいた。でもみんないい人達にめぐり会えて、よかった。
8／1　又、二本松の仮設に移るようにと町からの指示、移動して今日に至る。もう三年半を過ぎる。早く落ち着きたい。

□鈴木常幸・スエ子氏

浪江町（田尻自宅）→津島（浪江町）親戚の家→福島市コンビニ駐車場泊→山形県親戚の家→津島親戚宅に戻る→二本松市役所→二本松石井体育館→千葉県親戚の家→二本松市アパート→猪苗代民宿→二本松市旧平石小学校仮設。

□高野紀恵子氏

平成二三年三月一一日、東日本大震災発生。自宅が被害がひどく屋内に避難出来ず、その夜は車の中に4人で避難をしていました。三月一二日朝七時二〇分頃に防災無線で津島への避難指示がでました。車での津島への移動でしたがガソリンがなく不安でした。国道一一四号は渋滞で普通四〇分位で着くところを四時間以上かかりました。津島の避難所は人があふれて入れず、自分たちで車を止める場所をさがしました。

津島には三月一二日～三月一五日まで。三月一五日にまた避難指示を受け、二本松の市役所へ向かうと、そこで避難所は杉田住民センター体育館とされ四月一〇日まで。今度は北塩原ペンションへ移動になりました。ペンションには四月一〇～七月三〇日まで。そこから二本松の今の平石仮設へ移動してきました。

津島に避難のとき食事も口に入れることができませんでした。二本松へ移動も市役所がどこにあるのかもわかりませんでした。次の杉田の住民センターもどこにあるのか？　北塩原は観光地でした。避難でいくとは思いませんでした。

□橋本由利子氏

２０１１年

３／11　浪江大堀コーヒータイム（職場）→利用者を送って双葉町へ。双葉町南小学校へ避難。

３／12　双葉町→浪江町大堀コーヒータイムへ→自宅（ＰＭ４：00）→相馬市の妹宅。

３／13　相馬市→浪江町自宅（犬を連れてくる）→津島の避難所より夫を載せて相馬市へ。ＰＭ相馬市→川俣体育館へ利用者の確認。

３／14　相馬市へ。

３／15　相馬市より仙台の長男のアパートへ親戚と一緒に移動。

３／20　相馬市妹宅へ帰る。

３／23　家を借りて、掃除しながら住み始める。

９／～　仮設に住みながら週末には相馬市に帰る生活をはじめる。

２０１４年

12／10　南相馬市に自宅を建てる。

□松本純一・テル氏

浪江町（井手自宅）→津島小学校→二本松市木幡住民センター→猪苗代民宿→二本松市旧平石小学校仮設

□宮林和子氏

浪江町谷津田自宅→南相馬→茨城→猪苗代ホテル→二本松市旧平石小学校仮設。

猪苗代のホテルの友人達とは今も年一回の会合があり楽しみにしています。

□渡邉秋夫・悦子氏

浪江自宅→津島中学校→二本松市大平体育館→猪苗代ペンション→二本松市旧平石仮設。

あの日大地震があり、東電原発事故に遭い避難生活となってしまいました。突然ほんとうに一瞬の間に、すべてを失ってしまったのです。地域のいつも近くにいた人達はもうだれも居ません。あゝ皆んなみんなどこへ行ってしまったのかと、あの心細さ、空しさ、沈み込んでいく心は、どんな言葉でも表現できない、それは当人だけにしか分かり得ないものかと思います。一緒に暮していた家族達とも別れ、生活は狂ってしまいました。もう夢中で移動してたのです。頭の中はぼんやりとして、見えているのに見えないような、いつも夢の中のような、歩き出すと、前に進まず、ななめに行ってしまう、そうしてハッと気付く、そんな状態になってしまいました。たゞさみしく悲しく涙が流れるだけでした。

五ケ月後、五回目にこの仮設に入り、ここへ来てから

□山岡ミツ氏

津島（中学校音楽室）→二本松市・太田住民センター→千葉知人宅→那須→二本松市太田住民センタ→猪苗代（ホテル）→二本松市旧平石小仮設住宅。

あの日から四年半、アットいう間の様の気がします。津島にと言われやっとの思いで中学校の音楽室へ、そこもあぶないと言われ、二本松に移動する。雪の舞う中バスにて太田住民センター（二本松市）へ着いたのが午後6時30分頃でした。落ち着く間もなくふたたび知人宅へ。これ又暗くなる頃。ここでも又長くはいられず今度は那須へと移動する。1ケ月程いましたが町のことは何もわからず、又二本松へもどる事にする。太田住民センターに入ることが出来、浪江の友人たちと会えてホット安心するも長くはいられず移動する事になる。今度は猪苗代のホテルへ。ここで四ケ月少し落ち着いて生活することが出来る。最後に落ち着いたのが現在の仮設（二本松・旧平石小学校）です。

も頭の中は空っぽでしたが、いつか時を経て、このきびしい現実を受止めていられるようになり、同じ思いを共有する仲間と支え合い、助け合い普通の生活ができるようになっています。離れてしまって会えない、大切な方々も居場所が分かり、それぞれの地でそこで元気でいられると分かっているだけで、安心していられます。その間には内外からの温かいたくさんのご支援があり、今も続いている事に対し、今も心から感謝致しております。

国は、早くに収束宣言をしました。

川内原発は再稼働しました。

帰還困難区域になっている、私の一時帰宅は年間十五回でしたが、今度三十回となり、事前申請許可を得れば、行けるようになりました。放射能（線量）はだんだん低減しているようですが、一時帰宅に通る一一四号線の一部は線量計の音が鳴り続けるのです。野生動物は増えているようで、陽の当たる道路の脇（沿い）には、猿が群がり母親達が子猿を背中・腹に、それぞれぴったりとひっ付けて、通る車や人間には驚く様子も無く、日なたぼっこしていました。故郷の我が家は荒れ放題、家のまわりは、猪が土を掘り返し大きな足跡がいっぱい、青々と勢い良く伸び繁り切った田んぼの草むらの中には、ケモノ道が出来てトンネルのようになって続いているのです。警音はやはり高く鳴ってます。町は復興住宅の計画が進んで、私はそこへ申込みをしました。

けれどふるさとへの思いは消えることはないでしょう。原発は、おそろしい、悲しい。（二本松市仮設　浪江町）平成二十七年九月

浪江町長 馬場有講演配布資料（上・下）

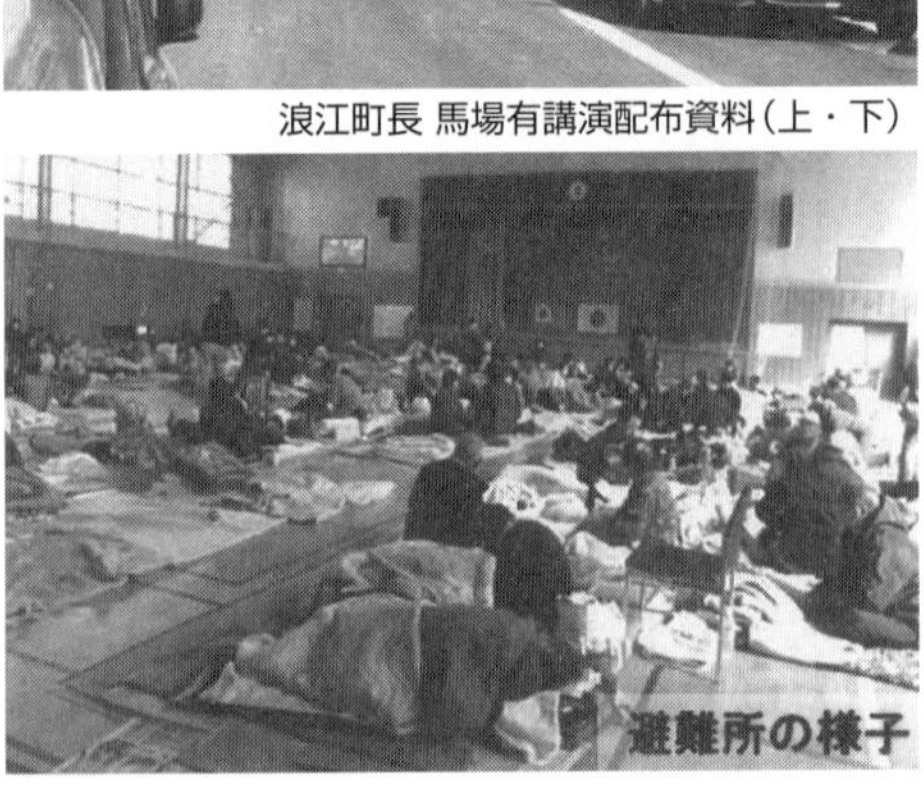

Ⅱ　ふる里・浪江を追われた心情をつづる
仮設住宅での生活で思うこと

ここに収めた「つづり」は、題を定めず「いま、思うこと」を何でも、自由に書いていただくようにお願いした手記である（二〇一四年）。名前の記載も任意とした。寄せていただいた原稿には、明らかな誤記以外一切手を加えていない。配列は、記名のものは仮名も含め五十音順に、ついでローマ字表記、匿名、無記名の順に収録した。

(1)〝あのとき、そして今〟

我妻ヨシノ

これまでに体験した事のないあの大地震、東京電力原子力発電事故。菅総理大臣からの避難命令との放送を聞き、こんな大事になるとは、つゆ思わず、すぐに帰れるものと軽い気持ちで出で来たのです。浪江町指定避難所津島へと向かう道路は、車・車の大渋滞でした。

明るかった日は沈み真っ暗になりやっと着いた浪江津島高校・体育館・教室はもう入る隙が無く、出入口近く風の吹き込む廊下の隅にようやく入ることが出来ました。大勢の人達。知っている顔は無く、無我夢中で、みんなみんなどこへ行ってしまったのかと、たゞ涙が流れるばかりでした。急に集まったたくさんの人々に対応し切れなかったのか、トイレが機能せず、係の方が山際にスコップで穴を掘り裸電球を下げてくれました。そこへ行列ができました。

ここ津島が危ない。二本松へ移動となり、自家用車のある者は自分で、その他の人はバスで二本松市役所に集合したのです。人も車も、それは表現にむずかしい程の大パニック、役所係の方の大声が聞こえてました。どうにか、それぞれ行く場所の割り振りを受け、暗く、みぞれ降る知らない町の道すじを聞きながら住民センター体育館に着きました。たくさんの人々でごった返し、誰がだれだか分からない人混みの中にもやはり知っている方はみつかりませんでした。自分の席を決め板の間の上で毛布に包まりました。ズボンのすそ、サンダルばきの足はすっかり濡れて感覚がありません。夕方から降っていたものは雪に変わり真白におりて来るのが窓越しに見え、高い天井へ反響音が館内にグヮングヮンと響き渡っていました。

お湯がありますの声に目をやると、入口の所のテーブルの上にたくさんポットが並べられていました。地域の方が届けて下さったのでしょうか。それを湯のみに受け両手でかかえ飲んだ時ホット体と心が温まってうれしく、有難かったです。びっしりの人で埋まった、少し離れた場所に、私の目から見たら高校生かとも見える若い夫婦が二人の子供と共に、避難していました。赤ちゃんは本当にまだ小さくて母親が乳を飲ませたりその子にかかわると、幼い上の子は包まっていた毛布の中から小さい体ではい出し母親へ寄り、まとわり付くのです。心細いのでしょう。寂しいのでしょうか。すると父親がだき上げ自分の胸に包み入れしっかりと抱きしめる。あのざわつく中で二人の子供達は、両親に見守られ、おとなしく泣き声も立てない。その様子はとてもいじらしく可愛らしく胸いっぱいになりジンとしました。あの親子はどうしたかしら、元気かと時々思い出してしまいます。

そこから神奈川へ。それも一寸と思ったら三日たち一週間過ぎても状況は変わらず、ますます悪くなるばかり。浪江は遠くなり情報は届きません。一ケ月を過ぎる頃、もう我慢出来なくなり再三再四引き止められるのを振り切りって、行政に連絡し一目散に帰ってきました。今度は猪苗代でした。あちらは桜の花も終わり葉桜の節となっていましたが、当地はまだまだ寒く、道路脇・両側雑木林の中は真白な雪がいっぱい残っていました。夕暮れ近い猪苗代に向う初めての道のりは遠く、どこ迄も、どこ迄も、あゝ私はどこへ行ってしまうんだろうと、地の底に引きずり込まれるような不安で一杯でした。

国民宿舎と呼ばれるその宿に着いた時、先に避難されていた隣部落の方にお会いできたのです。そのなつかしい顔を見た時、思わず、ドット涙が溢れ出て止まりませんでした。翌朝表に出てアッと息をのみました。目の前に磐梯山があったのです。その雄大さ、美しさが心の中に深く入り込み感動でいっぱいになりました。ドッシリとしたそのたたずまい、何にも動じないその姿は、すべてを包み込み、受け止めてくれ沈み込んでいた私の心を癒してくれたのです。

立ち入り禁止となった道路・民家（2013年5月）

　猪苗代は自然と共に、すばらしい史跡の町でもありました。その猪苗代からこの仮設に移ってきました。ここに来てからも私の頭は空ろで、いつも夢の中であるような気分でいましたが、いつか時と共に、このきびしい現実を受け止められるようになったのです。これ迄には、内外からのたくさんの温かい御支援を頂きましたこと、そして現在までも変わり無く支えて下さり、心より感謝しております。

　忘れられない、なつかしい故郷の我が家は、帰還困難地域です。事故は起きてしまったのです。誰にもどうすることもできない、ふり返ってばかりはいられない、前を見よう、そうおもいながら、私は今どうしていいのか分からないのです。たゞ今日の日を大切に元気で生きて行こうと思っています。

(2) 震災ではなく原発事故

池崎　悟

　自分の中の感情としては、震災から三年が経ったではなく、原発事故から三年が経ったという思いが強い。震災なら、自らの手で復興できる。しかし、原発による避難の為、復興は元より、自宅に立入ることもままならない現状がもどかしく感じる。当時中学生だった息子や小学生だった息子は、避難先でどんどん成長し、帰町予定の年に成人となる。子供にとっては、避難先が生活基盤となるだろう。自分としては戻りたい。しかし、家族や収入を考えた時、戻れるか。それらは何年経っても変わることなく、より大きな悩みとして、ずっとつきまとっていくことになるのだろう。家族全員が落ち着いた日常の生活をしたいと思う。それが唯一の願望であり、果たすのが難しい夢となっている。

(3) マイナスだけじゃなかった

石井信子

震災、原発事故から三年が過ぎてしまって今、思うことは、その時その時はとても大変でつらかった。

しかし、以前の生活のままであったならば、わたくしは、ごく限られた人達の中で一生を過ごしたのではないかと思います。生活が一変して、新しい出会いがたくさんあり、自分の一番苦手とする事にもトライできました。失ってしまった事もたくさんありましたが、今では、マイナスの事ばかりではなかったんだと思っています。たくさんの温かい心にふれることができました。

(4) 震災から三年たって思う事・伝えたい事

石橋淳子

あれから三年が過ぎ私達の生活は一変してしまいました。海や山や川や学校や職場、すべてを失ってしまい生きる希望さえ見出せない日が続きました。でも福島を離れる事が出来ず、わずかな光を頼りに今日まで過ごしてきました。

私は緑豊かな福島が大好きなので、この地を離れたいとは思いません。いつかまた元どおりとは言いませんが、浪江町に帰れる日が来たら心から笑えるよう願っています。

みなさん私達を忘れないで下さい。福島を忘れないでください。

水田に打ち上げられた漁船・請戸地区(2013年5月)

(5) 無　題

うめこ

あの日から三年が経ち、今伝えたいことは「復興の力」とは何かということだ。震災を経験し絶望的になり、憤りをおぼえながらも避難先で生活し、三年が経ったという現実がある。少しずつ目の前に見えて来た「復興」もあるし、三年変わらない生活で、むしろ自身の復興は目に見えて来ないということもあろう。

「復興」が進んでいるかと考えると、ひとりひとり状況が全く違う。だからこそ、ひとりひとりが望む進むべき路を正しく見極めるということ。思い込みを持たずに、言葉の重みを大切にし、忘れないで欲しいということを伝えたい。それがきっと、「復興の大きな力」になると思うから。

(6) 桜

神長倉裕子

春が来た。
たんぽぽが咲いた。
うぐいすも鳴いている。
赤いチューリップ、黄色の水仙も忘れずに咲いている。
そんな植物の健気さに勇気をもらう。
桜が咲いている。
愛でる人がいないと嘆くこともなく凛然と咲いている。
人生の節目を見守り、希望を与え続けてくれた花。
春を謳歌してる桜を見ていたら、不意に涙がこぼれた。

町に子供達の明るい笑い声が戻り、春風に誘われて桜並木の土手を愛犬と散歩する。途中で会った人達と笑顔で話し合える。そんな当たり前の事は普通に出来る。本当の春が待ち遠しい！。

(7) 東日本大震災と後世に伝えたいこと

紺野信子

平成二三年三月一一日午後二時四六分、千年に一度と言う大地震に見舞われました。
自宅に居る長男の妻と二人の孫が気になり、仕事先より急いで自宅に帰る途中、遠くに我家が見えた時はホットしながらも家に着くなり、津波が来襲、高台の小学校へと急ぎ、東方へ津波が迫って来るのを見ながら避難しました。校庭から下を見ると、まるで天と地がひっくり返った様な風景は、海と化していました。何度見ても海となってしまった景色は確かだった。

その夜は小学校で過ごし朝家に帰ろうと思っていた時、町の防災無線が鳴り避難の始まりだった。津島地区の親戚、二本松、横浜へと三ケ所を転々とし、横浜で市営住宅に入居できた時はありがたく、感謝、感謝でした。その後、長男の仕事や義母の施設への入所などがあり、私は夫の居る二本松へと帰って来て借り上げ住宅での生活が始まりました。

避難生活をする上で世界の国々の方々から、ご支援をいただき心より感謝申しあげるところです。

このような事故が起きてしまい、廃炉まで四〇年と言われ携わっている方々には感謝し、安全をお祈りしています。

子孫に危険な物を残すということは、責任を感じ申し訳ない気持ちです。将来に行き場のない核は、なんとしても世界からなくなる様お願いしたいと思います。

(8) 後世に残したい事（東日本大震災、原発事故記）

紺野栄重

○震災時の家族構成

母（九一）歳、本人（六三歳）、妻（信子・六〇歳）、長男（重治・三六歳）、長男妻（麻由美・三六歳）、孫（るみ子・三歳）、孫（〇歳）、家族七人暮らし。近くに娘（和子・三八歳）、孫（絹枝・六歳）合計九人。

○家族の勤務状況

母は介護度三で認知症、毎日ディーサービス、一カ月一回はショートスティ。本人は農業、(有)紺野鉄筋、浪江町議会議員、浪江町消防団長、信子は農業、社会福祉協議会（臨時）に勤め。長男は日立化成。長男嫁は専業主婦。和子は双葉松本家具。孫（絹枝）は浪江町コスモ幼稚園。

○我が家の避難状況

三月一一日

一四時四六分地震発生。震度七、マグニチュード九、

民家に置かれた放射能汚染物の袋（写真提供渡邉悦子氏）

三時四五分津波浜街道迄来る。信子（妻）が中心となって七人で幾世橋小学校に避難、栄重（本人）は役場にて災害対策、重治（長男）は消防活動。

三月一二日

五時四五分一〇km圏外避難指示。一三時一号機爆発、二〇km避難。午後七時頃小学校から出る。防災無線が「総理大臣命令により原子力発電所より一〇km以内の人は屋内退避、又は六号線を北に行くか、一一四号線を津島方面に自主的に避難して下さい。車で行けない方は役場のバスで送ります」というような内容の報知でした。五時間かかって（普通は三〇分）母の実家（塩浸）についた。栄重、重治は消防活動。

三月一二日～一三日迄

津島塩浸にお世話になる。石井家には親戚の者三〇人くらい避難しておりました。

津島に親戚があって良かったと感謝でした。牛乳が出荷できないので、ごちそうになりました。後で津島の線量が高かった事を知りました。

三月一四日

テレビで原発爆発のニュース。近くの避難所からも移動の状況にて、津島より二本松の避難所に移動（石井体育館）。体育館（七人）で体をくっつけあって寝ましたが、とても寒かったです。認知症の母は隣の荷物を開けたり、毛布を引っ張り、ちょっとした隙に他所の寝場所に入ったり大変困りました。

三月一五日

一一時、二号機水素爆発。二男の嫁がタクシー二台を手配してくれて横浜まで行きました。その時、長男（重治）が合流してくれて助かりました。（浪江町は一二日から一五日まで津島、一五日二本松に移動）。長男から言われた言葉が忘れられません。それは「親父、消防も大事だが家族も大事だ」。栄重（消防団長）はそれから一カ月と三日間、東和文化センターで避難生活、一段落した時点で再会できました。

三月一六日

横浜の姉の家に五日間お世話になり、一日俊子伯母さん方に泊り、母は施設にお世話になる事が出来安心しました。更に次男の横須賀にお世話になりました。旅館にも泊り、抽選で横浜市営住宅が当たり喜びました。団地に着くと自治会で皆さんから提供して頂いた布団、茶碗、鍋、その他いろいろの物資を戴いて大変有難うございました。知らない方々からの親切に感謝、感謝でした。

以上が我が家の避難状況です。現在私と家内は二本松市長命五四―二、鈴の木七号のグリーンヒルズの介護老人保健施設、長男家族（四人）は千葉の香取郡多古町（日立化成が移動した為）、長女家族（二人）は横浜市光が丘団地に住んでおります。夕食は九人で食事しておりましたが、それぞれバラバラになってしまった事は最大の損害です。

○今回の災害で反省すべきこと。

①食料の問題で、多くの方が短期間で帰れると思い、軽装で避難しましたが、食べ物には困りました。浪江町では津波にたいして避難訓練は行っておりましたが、食料を背負っての訓練はしておりませんでした。炊き出しをされたのを頂いての訓練でした。反省としてある程度の食料を背負って訓練後は皆でそれを食べる訓練をすれば良かったと反省しています。避難しての三日間の食料確保が困りました。三日以後は災害物資がどんどん送られてきました。津波避難訓練の成果もありました。避難場所の指定、区長が住民の避難確認等、行われた訓練の成果はあったと思います。

②体育館に大勢避難すると、便所がつまり大変困りました。ふれあいセンターに外便所を消防で建設しました。大変よかったと思います。

③避難は二、三日と思っていたら長期間となりお金に困りました。常に非常時は通帳も持ちだせるようにしておくことも大事です。（非常時の貯蓄も大事）。面白い話（家族のへそくりの置き場所が判りました。笑）。

④避難生活で親戚、子供の所に避難された方が多くおられましたが、避難所に戻られた方もおりました。それぞれの生活があるわけですので、長い間はお世話になる事はできません。自立して頑張る事が基本であると思いました。

○今回の震災の対応で参考になる事

①津波災害を受けた方で、ばあちゃんが介護の必要な方（常に地震があった時、ベッドから起き上がりリュックサックを背負って玄関で待つように）との指示で、津波にさらわれずに済んだ方がおられました。

②私の同級生で、軽トラックに米、味噌、鍋、ガスを積んで避難したとの事。普通では考えられない行動の方もおりました。

③今回の震災で日頃、重要書類、通帳をまとめておいたのでそれを背負って逃げた方には頭が下がります。

④今回の災害で多くの方々に支援して頂きました。大事な事は隣組の方々、何をするにもお隣、地域の方々が大事ですので、日頃できる範囲のお世話は大事です。（遠くの親戚よりも近くの他人が大事）。

○総　括

東日本大震災、原発事故発生、避難生活、丸三年となりました。それぞれに大変な避難生活と思います。しかし、今日まで多くの方々に助けられ、見知らぬ方にもご支援をいただき今日に至っております。我々はいつまでも避難民ではいられません。今度は我々が災害になった地域を支援する気持ちで頑張りましょう。

二六年度からは、復興に向けての節目の年であると思います。除染も始まりました。（酒田地区、高瀬地区、下立野地区）。又請戸の防波堤工事、インフラ復興も始まります。今年度からは目に見える復旧、復興となると思います。「町民それぞれの判断材料が整い、個々人の選択へと向かう」重要な時期になってきました。皆で協力して浪江町を復興しましょう。浪江町に「帰るも大変、別天地に移住するも大変」。家族良く相談して方向性を決める決断の時期となってきました。

(9) 心身の健康管理について

中野目利行

心身の健康管理は私が最も取り組んでいる課題です。何よりも自分が働き続ける為です。早く仕事を、目標の仕事の量と質をあげられるようになりたいです。そのための自己管理です。通院、適正な食事、運動、睡眠に気をつけ、この具体的な方法を継続していくことが必要と認識しています。あと課題は仕事の知識の習得、吸収でしょうか。

あまり先々のことに思惑を巡らせても泥沼と考えることもあったので、思い入れや感情を仕事に持ち込まないのがコツと思います。

昨日、大字会総会へ出席した環境省職員が、住民から強く問われても元気に「努力します」の返事に、こんなに割り切れて仕事できたらいいなとある意味感じました。今後は形骸にとらわれない発想の転換をしつつ余裕を持って明るく仕事ができる自分をイメージし、周囲にも自分にも謙虚になって仕事に当たります。

(10) 未来へ

仲谷貴美子

春はおいしい山菜、夏はおいしい野菜、秋はおいしい果物や栗、冬はおいしい干し柿、春は青々とした田んぼや畑、夏の請戸の青い海、白い砂浜、ずらりと並んだ漁船、おいしい魚がいっぱい揚がる魚市場、秋には群れをなして川を上って来る鮭、おいしい紅葉汁、秋の美しい山々、もみじ、田んぼの美しい稲、おいしいお水、おいしいお米、相馬野馬追、民謡、何もかも思い出の中。浪江町は本当にいい町だった。暮らしやすい町だった。静かで安心できて、スーパーの駐車場も広く、買い物にも便利で、本当に自慢できるいい町だった。

でも、もう帰る事もできず、住み慣れたふるさとは荒れはて、家もこわれ、田畑は草におおわれ、母が毎年手入れしていた畑は、もう野菜を作る事はできない。あの日まで使っていたバイクもサビてころがっている。

津波犠牲者慰霊碑・請戸地区、現在は大平地区に移転。（2013年5月）

仮設暮らしの中で、もう三年が過ぎた。でも、泣いてばかりもいられない。こんな所でも、生きていかなければならない。一日一日、生活していかなければならない。年寄りには、本当に大変な毎日だ。亡くなる人もいる。遠くにいて会いにいくのも大変。この大災害にあった人達、みんな同じ思いだと思う。でも、全国の方々の励ましや支援がうれしかった。この先又、どんな事が起こるかもわからない。日本のどこかで、又、大変な災害が起こるかもしれない。その時に、今度は私達ができることをしたい。いつの日にか、浪江町に、又豊かなお米が穫れる日が来てほしい。お年寄りも安心して生きていける町が戻ってきてほしい。その時まで、とにかくがんばって、今を生きていきます。

(11) 初めよければ全て良し

原芳美

何事も「初め良ければ全て良し」といわれますが、初めの部分はどうだったのか、この機会に検証やら反省をしてみた。

当時、自分は町職員として町の災害対策本部の一員であった。情報はＴＶだけで地震直後の大津波警報の字幕を見たのは初めてで、担当部署が建設課であったため、これからのことが頭をよぎり真白な状態となっていた。

一呼吸置いて、町防災計画に定めのあった担当区域に職員二名一組で道路施設等の点検に走らせ、被害状況の把握に努めた。又、津波防災計画にある避難場所へガレキがあって行けないので、重機を手配してほしい等の通報があり奔走した。

当日の夕方、業者から砕石がダンプ三台位あるので使う場所を示してほしい旨の申出があり、国道一一四号の跨線橋の段差解消に全て使い、翌日の全町民避難が安全に行なわれたことが、今思うとよかった。大事なのは速く進むことでなく前に進むことでないかと思う。

(12) あの日から……

はるか

あとどのくらい心の避難は、続くのだろう。離された家族は帰らない。時は戻せない。

(13) 無題

ふくしまさくらこ

震災、原発事故から三年、長かった様な短かったような不思議な気持ちです。

この仕事に就かなければ同じ県民でも、浪江という言葉に敏感に反応したり、こんなにまで、避難されている方々の気持ちに寄り添う事は出来なかったのではないかと感じています。私は、頑張って生きている方々から、元気や勇気を沢山頂いて来ました。無我夢中で頑張って来た住民の方々、今、少し冷静になれるこの時期こそ、心の問題に直面し、苦しんでいます。そんな現状の中、一番悔しいのは、県外ではもう、原発事故は終わったと思われていること。メディアでは金銭の事ばかりが流れ、心の問題にはなかなか触れずに、肩身の狭い思いで生活している方々、まだまだこれからも苦しみ、故郷に帰れず悩み続ける方々の気持ちや思いをどんどん発信していかなければと感じています。

そして最後に、避難していない人も全て、被災者、日々の放射能との生活に慣れ、県外に避難できずにいる私達、将来を担う子供の健康については、不安の毎日。「子どもを守るのは親の役目」と県外へ避難した家族も沢山居る中、国から「大丈夫」と言われ、そのままこの土地に住んでいる私達もつらい思いをしています。

避難者は勿論、そして家族も仕事もあり、避難していない県民も全てが被災者だという事を皆に伝えていきたい。

⒁ 無題

ふくしまももこ

震災から三年が過ぎました。速いスピードで復興が進むと思っていたら、あまりのゆっくりさに歯がゆさを感じています。

子供の将来の為にも、今何かしなければと思いながらも、日々の生活に追われる毎日です。震災で失くした物も多かったですが、震災がなければ出合うことのなかった沢山の人々が、今は心の支えになっています。

⒂ 止まったままの三年

松本瞳

あの大きな地震に怯え、暗くて寒くて不安な一夜から始まった。「すぐに戻れる」。そう信じていたのに……。時計の針は今も午后二時四六分から進まない。

電車の通らなくなったＪＲ浪江駅（2013年5月）

三年という月日は、沢山の変化をもたらした。残された命が奪われ、人気のない町を野生化した動物が荒し、家は形を変え自然へと飲まれてゆく。そこにあったはずの風景はいったいどこへ？　思い出せない場所もある。

裕福じゃなくても家族と笑いあった日々も、支えあった日々も宝物。喧嘩したことすらいい思い出。どんなに賠償だとお金をもらっても、心は豊かになるはずもなく、思い出のつまったふるさとは元通りにならない。「避難者」と呼ばれるのも嫌だ。第二のふるさとで、一歩踏み出し、いろいろな事にチャレンジしてみたいと言える自分になる事を願いたい。心の底から笑える日が来ますように……。

(16) どうするの？

未来不明

あれから三年どうしてる？

あっちこっちと避難を繰り返し、あげくの果てに、家族・親戚・友人が全国バラバラ。やっと落ち着いたと思ったら、周りに知り合い誰も無く、精神的にストレス溜まる日々。環境の変化や地域になじめず、何処に安住の地があるのでしょうか？「汚染水、幾ら過ぎても増すばかり」、こんな感じで先の見えない復興事業。

長期化した避難生活にあきれ果て帰還意識が薄れる町民が多い中、復興住宅建設も追いつかず、何時になったら順番来るのやら？日々老いて行く中、如何にしたら不安の無い生活に戻れるのでしょうか。

町のみなさん、今からどうするの？

(17) 原子力と震災

渡辺

日本全国どこに行っても原子力と関わって、私達は生活しています。また地震も、全国各地で毎日のように起きている。その上で原発事故は放射線と言う恐ろしい物質を出し、人間の生命を脅かし、また生きる力を奪い再び故郷に戻れない状況を作りあげています。

全国で運転開始から三〇年を超えた原子炉が一八基もあるとの事なので、政府と東京電力では、二度とこのような悲惨な事故を起さないように、しっかりと監視をして頂きたいと思います。

私は、避難所で刻々と状況が変る中、当分自宅には戻れないのではと思い、色々頭の中で必要な物や家の大事な物などを頭に浮かべ一度自宅に戻ろうと思い家族に相談した所、息子に、母ちゃん浪江の家に命より大事なものを置いてきたのかと怒られました。私自身、放射線の認識がなく理解も乏しく安易に考えて過ごしてきました。まず第一に命です。体育館の避難所には百八十名ぐらいで生活をしていました。その中で、私と同じことを考え自宅に戻られた方々が体育館に戻ってこられ、体育館の中を歩き回り、放射線をバラマキ何も知らない人達までもが汚染されてしまい、特に足の裏が高い数値が出たと計りに来た人から伝えられました。

絶対に自宅には戻らないようにと、関係者の方達から何回も説明があり、少しずつ放射線の恐ろしさが私達にも伝わって了解するようになりました。明日は帰る明日は帰ると思い三年がたち、多くの人があきらめ命を縮め、残った人達も心を寄り添い助け合ってきました。

家族、友人、親戚、職場の仲間、部落の人々、皆バラバラになって今では細い絆を力いっぱい引っぱっています。その細い絆も一本切れまた一本切れ、心労が重なり、自分からその絆を放す人が出てきました。また何処かでその絆を結んで生きる力を出した人々もたくさんおります。東京電力はこの事故で避難生活をされてる方々に、少しでも早く安心のできる生活を最後の一人まで責任を持って果たして頂きたいと思います。

全国から支援をして下さった皆様に感謝し自立復興を目指していきたいと思います。

(18) 今、思っていること

S・M

復興住宅が遅い。早めに願いたい。

これからの浪江町はどうなっていくのか。行政もバラバラになり町として成り立っていく事ができるのか不安に思っている。仮設の人、借り上げに住んでいる人達は、浪江の人が来ると嬉しく、安心すると話される。浪江町民が、まとまって生活できるようになったらと思う時があります。

⑲無　題

Y・A

地震で倒壊した市街地の民家（2013年5月）

平成二三年三月一一日、大震災から三年半が経ってしまった。私はお墓掃除の最中だった。突然の大きな揺れに襲われ、墓石は皆倒れて飛び、本堂の壁は音を立て、落ちた。一方役場の無線放送は、「津波は東中学校まで来るから避難しろ避難しろ」と叫んだ。帰路は車が道路に溢れ、家は倒れ水道管は破裂している。やっとの事で家にたどり着いた。我が家も瓦屋根はグシから落ちた。家の中は足の踏み場がなかった。水道は止まる。寝場所もないまま夜明けを待った。

早朝隣の奥さんが「ガスの臭いがする」と走って来てくれた。帰るやいなや「すぐ逃げよう」といわれた。何が何だかわからずに、手提げ袋と携帯電話だけ持った。津島小学校に着いた。地域の方の炊き出しを受け、親戚の安否等を確認し合った。ところが東電が爆発したから又遠くへ逃げ様といわれ、暗い道を迷いながら二本松に来るまでに飯坂、親戚、東和町、会津など八ヶ所避難移動する事になった。その度地域の皆様の御厚情を受け現在に至りました。

私は老人の身であり運転も出来ず皆様方の真心にすがって生きてきました。二三年七月二五日、やっと仮設住宅に入居が決まった時は本当にうれしかったです。親戚は車を出してくれ、荷物を運搬してくれたり、衣類や諸道具をそろえてくれたんです。避難中は携帯電話が働いてくれました。会津に逃げた当時、浪江町の隣だった方の祖父が急死し。お寺様と連絡もとれず、何の弔いも無く火葬場に送られたことで、家族は「成仏出来たべか」と、嘆き悲しんで居た。数日後お寺様遠方から来て下さいました。私も安心しました。

七月二五日会津の避難所を出ることになって、各方面に、別々の仮設に移動する時、「皆さんこれからは一人立ちしていくんだよ」と、私はさけんだ。目先は真っ暗で、岸も港も見えない旅だもの、漕ぎ出す舟は笹舟で不安だらけの出発だもの、でも、世間は見捨てなかった。地域ぐるみで、又ボランティアの方々、世界中の方々に、物資・精神的にも、心から助けられました。有難うございます。感謝の気持ちで一杯です。

地域の変動は異っていても、季節は巡り春はやって来た。桜の花が咲くからナ……とボランティアの方が慰めに来た。私の胸のツボミは、腐っていた。ところが、目先の老木が、桜が、私にどうしたと、語りかける様に綺麗に咲きほころび、見せられた時、私は自然の力には負けたと思った。希望を失い、閉じ篭もりがちだった仮設の皆さんも、戸外に出ては桜花を眺め、「花の苗買って植いようかナ?」て、どこの玄関先も花で明るくなりました。畑を借りて作る人、プランターに植いる人、吾れこそはと競い合う人に笑いが生まれました。

仮設暮らしも長くて、早三年半になってしまいました。小学校一年生だった子供が四年生になりました。狭い部屋で、机も無い処で勉強している。若い親子さんに、故郷はと尋ねると、今居る処と云う。親子は「ばらばら」の生活にさせられ、長ければ長い程に心は離れて行くのだな、と?。荒れた故郷に帰って見ると、猪豚が、ネズミが乗っ取って何者顔で見送ってるのだ。浪江町の復興はどうなってんのか?。早く復興住宅を作って、心身ともにやすらぐ場を造って下さい。老人は其の日を待って居ます。お願い致します。

⑳「つながり」に感謝

Y・H

震災から三年が経ち、私を取り巻く環境はめまぐるしく変化しました。当初は状況の変化について行けず、翻弄されるままでしたが、周囲の人々に支えられ挫けず前を向いて避難生活を乗り越えることができました。

震災と原発事故によって多くのものを失いましたが、同時に震災前まで無関心であった周囲との「つながり」に、私がこれまで助けられてきたと気づかされ、また、新たな「つながり」を得ることができました。

これからも過去、現在、未来と係る「つながり」を大切に育み、私の生きる支柱にしていきたいと思います。最後に私がお世話になっている皆様に、「ありがとうございます。そしてこれからもよろしくお願いします」。

(21) 今、感じていること

匿　名

まだまだ時間はかかると思うが、現実を受け入れ、前向きに生きていきたい。

(22) 現実と願い

匿　名

先日避難地区に入り現状を直視した帰り道、食事場所で聞こえてきた言葉が「オリンピックまでですよ。そっちが始まったら東京行きですわ」でした。これが現実です。好き好んで放射能と騒がれる福島で仕事をしたい人はいないはずです。福島がバブルと聞いたからこちらへ来たとの事でした。

支援者として仮設訪問するなかで多く耳にするのは、ここでは死ねない、死なないという言葉です。それを励み（目標）に生きていると言っていた方が、仮設という応急住宅を最後の生活の場として亡くなっています。帰還を願いつつ現実難しい事を誰もが感じています。せめて、少しでもホッとできる生活の場を一戸でも早く建設していただき、県民が誰一人啀み合う事のない日が早く来る事を切に願います。皆ここで生活し、生きています。

(23) ナナ、ごめんね

匿　名

あの避難の時に愛犬ナナを連れて家を出たが、狭い車の中での移動で体調を崩し、避難し誰もいない実家の庭先に、実家の犬と一緒に置いてきた。様子を見に行くと、車に乗りこもうとする。エサを食べるどころではなかった。連れていってと、必死な姿。いつも泣きながらの別れだった。それを数回繰り返すうちに、車に乗りこもうとしなくなった。ナナは捨てられたのだと、認識したのだろう。とても悲しかった。

捨て犬だったナナが家族の一員になってから一三年。近所のおばちゃんが名無しの権兵衛だからと、ナナと名前を付けてくれたっけ。あれから三年。あの時、愛護団体のお世話になった。どうしているのかなあ。ナナを見捨てた事に変わりはない。もう犬は飼わないと決めている。ナナはうちの家族にとって最後の愛犬だからです。

激励のため来訪された坂東玉三郎さんに古着で編んだマットをプレゼント（2011年12月13日　写真提供渡邉悦子氏）

㉔ 早く元の生活に戻して

匿　名

「ふう」と目をさますと、現実なのか、夢なのか、今でも戸惑う時があります。仮設住宅の生活、一〇歩内で風呂、トイレ、台所がある狭い部屋の生活、ストレスがいっぱいです。震災の前の生活にもどしてもらいたいです。なぜ、浪江から離れて過ごさなければならない状態になっているのか。怒りが増すばかりです。

職場の人達、部落の人達、家族がバラバラになり、今、なつかしく思っています。これは、みんな原発の安全性が欠けていたからではないでしょうか。

皆で笑い声のある生活に戻してもらいたいです。

㉕ ふる里を追われて

匿　名

ふる里を追われて三年二ヶ月になろうとしています。長かった様で、短かった様な気がして、アッという間だった様な気がします。

旧平石小学校仮設・集会所（2017年5月）

美しかったふる里、なつかしいふる里、思い出がいっぱいつまった、ふる里です。一日も早くもどりたい、でももどれないのです。我々には、何と表現していいのか分かりません。昔の生活にもどれるのなら、今すぐにでももどりたいです。家族や友人と一緒に、心の底から笑って生活出来ることを一番望んでいます。そんな日はいつになったら来るのでしょうか。美しいふる里、山や川を返してもらいたいです。でも我がふる里は、遠くなってしまいました。もう一度あの生活にもどってみたい。帰りたいナー。我がふる里は遠くなり、帰れる日を夢みています。

旧平石小学校仮設遠景（2017年5月）

旧平石小学校仮設住居近景（2017年5月）

Ⅲ　仮設住宅での日々を振り返る

写真で振り返る仮設住宅での想い出

旧平石小学校仮設住宅への入居は、行政的措置による機械的な〝振り分け〟であったため、同じ浪江町民といっても見知らぬ者同士という関係であった。したがって当初は環境の変化への対応だけでなく、コミュニケーションを図っていくことにも一方ならない心労を要した。しかし住民は仮設ごとに自治会を設け、さまざまな活動を行うなかで交流を深め、語り合い励まし合い日々を送った。ここに2016（平成28）年度の自治会規則・申し合わせ事項と2015（平成27）年度の一年間の活動の事例とを収め、次いで2011（平成23）年～2016（平成28）年の間の活動の様態を写真で振り返る。厳しい状況の中でも、前向きに希望をもって生活に勤しむ仮設住民の姿の記録である。写真・説明文は桑原和美氏がまとめられた「回覧板」より、編者が適宜選択して収めた。

［自治会規則：平成28年度］

第1章　総則

（目的）

第1条　本会は住民相互の親睦及び福祉の増進を図り、行政機関との協働により、防犯、防火、交通安全など住みよい地域社会の形成に資することを目的とする。

（名称及び設置場所）

第2条　本会は「旧平石小学校仮設住宅自治会（以下、（本会）という。）と称し、本会を「旧平石小学校仮設住宅集会所」（二本松市赤井

　　沢472）に置く

（会員）

第3条　本会の会員は、旧平石小学校仮設住宅に居
　　住する住民により構成する。

（事業）

第4条　本会は、第1条の目的を達成するため、次
　　の事業を行う。

（1）会員相互の親睦に関すること。
（2）住民相互の連絡又は、広報に関すること。
（3）美化、清掃等の環境整備に関すること。
（4）談話室の維持管理に関すること。
（5）その他、本会の運営に関すること。

第2章　役員

（役員の種類）

第5条　本会に次の役員を置く。

（1）自治会　　会長1名
（2）自治会　副会長1名
（3）会計　　　　1名
（4）班長　　　　2名
（5）会計監査　　2名

＊前項の役員は総会において選出する。

（役員の職務）

第6条　（略）

第7条　役員の任期は、1年とする。班長は1年
　　（輪番制）とする。但し再任を妨げない。

＊役員に変更が生じ、自治会活動に支障が生じる
　場合、臨時総会にて対応を協議する。

第3章　総会

（総会の種別）

第8条　総会は、定期総会及び臨時総会とする。

＊定期総会は、毎年3月又は、4月に開催する。

＊臨時総会は、会長が必要と認めたときに行う。

（総会の招集）

第9条　総会は、会長が招集する。

　（総会の審議）

第10条　総会は、次に掲げる事項を審議議決する。

（1）事業計画、事業報告に関する事項
（2）予算、決算に関する事項

（3）役員の選任及び解任に関する事項
（4）会則などの改正に関する事項
（総会の議長）
第11条・第12条　（略）

第4章　役員会

（役員会の構成と招集）
第13条・第14条　（略）

第5章　会計

（経費）
第15条　会の経費は、寄付金及び補助金等の収入をもってあてる。
（会計年度及び監査）
第16条　本会の会計年度は毎年4月1日から翌年の3月31日まで、会計の監査は随時することができ、総会で報告しなければならない。

［申し合わせ事項：平成28年度］

1　諸般事項について

①　集会は役員の判断で、必要により日程／時間、場所を明確にして招集する。
②　自治会の班体制は、棟別に、1・4／2・3班で、それぞれ各班長を1名とします。
第1班：1～5棟　第2班：6～8棟　第3班：9～11棟　第4班：12～14棟
③　ラジオ体操の実施：毎週、日、月、木の午前8：00より集会所前で行います。
④　防犯（夜間）パトロール（冬場、火の用心）は、12月／15～3月／15　午後8：00より巡回ください。
⑤　仮設内でペットを飼っている方は、マナーを守り、きちんと糞の後始末をしてください。
⑥　喫煙する方は、マナーを守って後始末を確実にしてください。
⑦　集会所の開閉は、11～3月（午前8：00～5：00）、4～10月（午前8：00～6：00）とします。
⑧　集会所を使用した後は、整理整頓及び掃除をしてください。

⑨ 集会所に私物を置かない事、又、飲食物等の持ち込みは、提供されたものとみなします。

⑩ ゴミを出す前に、分別法が正しいか？　世帯番号を記入したか？　もう一度確認することを徹底してください。

⑪ 冬場、５㎝以上の積雪があった場合は、必要により自治会会長の判断で除雪号令をかけます。

⑫ 退去が判った場合は2週間前までに自治会会長に連絡ください。

＊集会所に集まるときは、出来るだけ、家庭内から話題を持ち寄って談義に花を咲かせましょう。

2　その他

【住民の諸活動：平成27年度】

月	主な活動項目	活動内容
4月	①花見	桜の開花は早かったが、寒さの戻りがあり、仮設の花見にはちょうど満開となりました。
	②タブレット講習会	初めてタブレット端末の使い方講習会が行われました。
5月	①春の花壇作り	花壇の土を耕し肥料をやり、花の苗を植えました。
	②日帰りバスツアー	四倉のトマトランドで、完熟トマトを味わい、小名浜のららミューで昼食を食べました。
	③クリーンアップ	3班に分かれ、仮設周辺道路のクリーンアップ（ゴミ拾い）を行いました。
6月	①立木剪定	仮設内周辺の、立木剪定／草刈りを行いました。
	②石井地区との交流会	グランドゴルフ大会で見事優勝し、鈴木スイ子さんが最優秀選手に選ばれました。

月	行事	内容
	③父の日パーティー	今回もルワンダ（ルイスさん）の支援で、多くの支援者と一緒に大変盛り上がりました。
7月	①流しそうめん大会	福大生、JICA、ルワンダの支援者と一緒に、〝流しそうめん大会〟を行いました。
	②休憩所の完成	NPO法人AARジャパンの資材支援と仮設の男性陣で、やすらぎ処〝東屋〟を作りました。
	③支援者訪問	滋賀県のNPO法人コウノトリ豊岡から来訪の、43名の中学・高校生との交流会を行いました。
8月	①納涼祭	雨模様の為集会所内で行いました。余興のビール早飲み競争などで盛り上がりました。
	②灯明作り	色違いの紙袋で楽しい灯明作りに挑戦しました。
9月	①ぶどう狩り	会津方面へ、ぶどう狩りと日帰り温泉に行ってきました。
	②お彼岸の供養	成田山新勝寺さんが、お彼岸の供養に来てくれました。
	③石井地区との交流会	6月のゴルフ大会の優勝に続き、今回も準優勝を果たし浪江強豪チームとなりました。
10月	①芋煮会	秋晴れの中、AARジャパン支援による芋煮会が行われました。
	②石井地区運動会	今年も浪江チームとして参加し、地元住民と競技を通して交流を重ねました。
11月	①JICAとの交流会	アフリカのウガンダ国へ赴任する2名の方との交流会を行いました。
	②ルワンダカフェ	今回は、2人の演奏家が太鼓やアコーデオンでアフリカのリズム演奏をしてくれました。
12月	①餅つき・しめ縄作り	餅作りと、しめ縄作りを行い、続いて忘年会で雑煮餅やあんこ餅にして食べました。

月	行事	内容
	②忘年会	今年で4回目の忘年会となりました。楽しい余興で盛り上がりました。
	③浪江の現状鑑賞会	二本松市警察署が撮影した浪江町の現状風景のビデヲ鑑賞会が行われました。
平成28年		
1月	①どんと祭	1／11、午前6：30～、集会所前でどんと祭を行いました。
	②餅つき大会	NPO法人ピースプロジェクト（RRAジャパン）支援による餅つき大会が行われました。
	③除雪機稼働	夜半に降った約20㎝積雪の為、今年も除雪機の初出動となりました。
2月	①味の素料理教室	今年も、ヘルシーで美味しい味の素支援の料理教室が行われました。
	②浪江高校生との交流	浪高生14名と、ユニクロ育成事業の販売研修を通して交流会を行いました。
3月	①3・11の祈り	震災時刻の午後2：46分に、東日本大震災で犠牲になった方を悼み、黙とうを行いました。
	②自治会活動作品展示	なみえ3／11復興の集いに、自治会活動の作品を展示しました。
	③H27年度総会	H27年度の活動を振り返り、H28年度の活動方針について協議。

＊旧平石小学校仮設住宅自治会所蔵文書（第二代会長天野淑子氏保管）中の「議案第1号：平成28年度　会則の改正（案）」、同「議案第2号：平成28年度　申し合わせ事項（案）」および「報告第1号：平成27年度　活動報告」より、一部省略して収載。文書の（案）の文字には「承認」を示す×印が付されているので、ここでは同文字を削除して決議文書として収めた。

2012（平成24）年

項　　目	内　　容
5/5 花見＆子供の節句	当日は、五月晴れに恵まれ、焼きそば/田楽/竹の子おにぎり等食べながら、余興（子供へのプレゼント、5月5日の背くらべ地域ボランテアさんによる　歌/マジックの披露、カラオケ等）を楽しんだ一日でした。（参加者は約60名、子供3名でした）

項　　目	内　　容
7/15 平石中区との懇親会	平石中区との懇親会が行われました。 午前10時より　輪投げ、玉入れを行い、その後　食事をしながらの懇親会となりました。 輪投げでは　平石中区のチームが、玉入れでは仮設Bチームが優勝しました。 また、懇親会では、ふるさと浪江　の歌を歌い、お互いの親睦を図りました。

項　　目	内　　容
8/5 納涼祭（夏祭り）	当日は、天気にも恵まれ、招待者含め、参加者は約110名となりました。 余興は、フラダンス　ビンゴゲーム　スイカ割り　盆踊り　カラオケと楽しい夏の夕べを皆さんで楽しみました。

10/21 いも煮会

平石婦人会と合同で　いも煮会を行いました。
歌、踊り、余興を見ながら　婦人部の作った　おいしい"トン汁"と料理、
特別メニュ-のアユ塩焼きを食べて、中秋のひとときを楽しく過ごしました。
参加者は90名近い人数でした。
10/27日付けの福島民報新聞(26面)にも掲載されました。

11/8 藤原紀香さんの来訪

赤十字社と藤原紀香さんが　浪江町役場を表敬訪問後
この　平石仮設集会所へ立ち寄ってくれました。
紀香さんと一緒に軽体操などをして、和やかな一時を過ごしました。
初めて　近くで見た印象は、スタイルがよく、きれいで　とても　さわやかな印象だったとのことです。

12/24 忘年会

忘年会が行われました。
室内ゲーム(しりとりゲーム、ビール一気飲み、シュークリーム早食い競争、
じゃんけんゲーム、ビンゴゲーム)では、大きな笑いが会場いっぱいに
広がって楽しい雰囲気の忘年会となりました。
参加者は、約60人(仮設住民、警察官2名、日成ビルド1名含む)でした。

2013（平成 25）年

2/10
チェルノブイリ原発視察報告会

三瓶宝次町会議員によるチェルノブイリ原発事故の視察報告会
及び浪江町の現状について報告会が行われました。
＊＊原発事故後の状況と復興対応について、福島第一原発事故との比較や健康状況等について説明がありました。
＊＊浪江町の今後の状況について、復興住宅関連、避難区域の諸説明その他について、活発な 質疑、応答が行われました。

6/11
建設技研仮設との交流会

フラダンスあり、カラオケあり と 他仮設とは初めての交流会でしたが、
お互い、なごやかな交流会となりました。

7/17
ルワンダお茶会

毎月、恒例のルワンダお茶会が行われました。
当日は、トランペットの演奏や、歌が披露され 楽しいお茶会でした。
（尚、同時にウルトラ警察隊の方から交通安全に関する話もありました。）

8/11
納涼祭

今回は、穂積さんによる戦争体験の語り/子供たちのフラダンスと恒例のビンゴゲーム、スイカ割り、花火、盆踊りが行われ 楽しい納涼祭になりました。

8/19
美容師ボランテア

横浜の石澤（美容師）さんが　散髪のボランテアー
として来てくれました。
今回は19人の人が利用されました。
遠くから来て散髪して頂き、有りがとうございました。

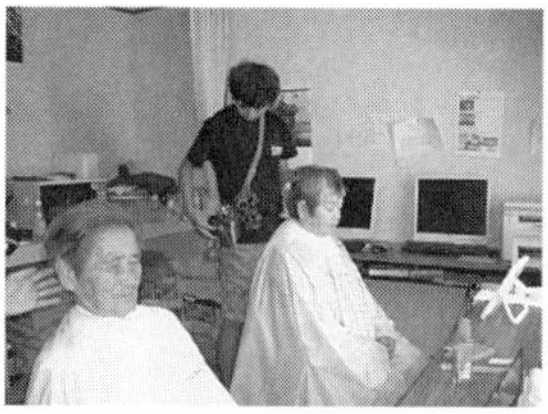

8/28
二胡演奏会

中国古来の楽器　二胡の演奏会が行われました。
ゆったりとした音色には心を癒される感じがしました。感動的でした。

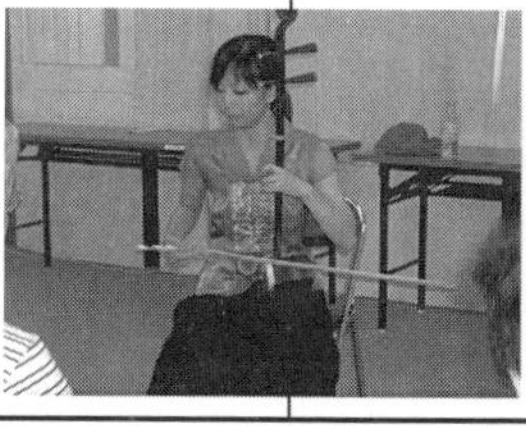

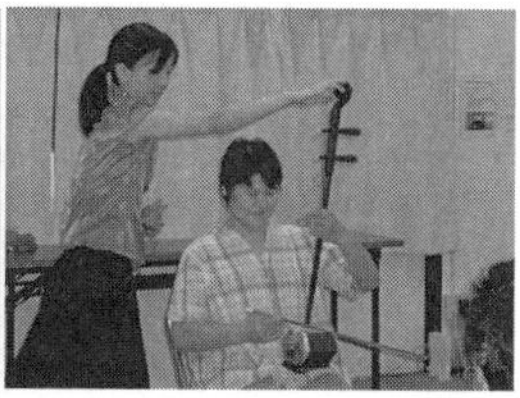

9/22
バンド演奏会

3．11　有志による童謡、歌謡曲コンサートが行われ生演奏を楽しみました。
また、本宮の石神仮設住宅の踊り隊による　踊りも披露されました。

10/25
江戸屋猫八さんがきました。

動物や鳥などの鳴きまねで有名な漫才家　江戸屋猫八さんと
民謡歌手の　鈴木正夫さん/千田けい子さんが支援として訪問されました。
それぞれの歌に合わせて、見事な鳴きまねを同時披露してくれました。

2014（平成26）年

2/25
藤原紀香さんの再訪問

藤原紀香さん（42才）が　H24/11月訪問につづき、赤十字社の
広報特使として　再訪問して頂きました。
仮設のみなさんと一緒に　健康体操・フラワーアレンジメントを楽しみました。
又、参加者30名に　それぞれの色紙にサインをして頂きました。
＊相変わらず、美貌とスタイルは抜群で、笑顔もステキだったとのことです。

3/11
復興の祈り

集会所前で、3・11　東日本大震災の犠牲者を悼み、みんなで
黙とうを捧げました。
また、夜6:30からは、男女共生センターで、ルワンダ主催の復興コンサートに
参加しました。

6/7
楽器演奏・歌会

3・11有志による　楽器演奏・歌会が行われました。
昨年も支援頂きましたが、楽器演奏に合わせ、なつかしい（懐メロ）曲を
みんなで、歌いました。その後、一緒に食事をして絆を深めました。

7/23
茶話会ルワンダ

茶話会ルワンダが行われました。
今回は、マリールイズさんの長女と、世話人の方々、及び　JAICA二本松の
研修生（1名）が　こられました。
みんなで、歌を歌ったり、軽体操などをして楽しみました。

7/28
支援者の訪問

早稲田大学名誉教授の安在先生と、姪の大治はるみさん、
九州（熊本県）の高野さん---（自分で手植えして育てた自然乾燥のお米や野菜、梅など、これまで、沢山支援して頂いております）が、訪問されました。
座談会では、浪江町の被災状況、避難時の心境等について、安在先生がまとめた資料、ビデオを、見ながら　みんなで振り返りました。
又、大治はるみさんの三味線伴奏にあわせて、”故郷”、”ふるさと浪江”等をみんなで　歌いました。

10/29
浜岡原発周辺
住民との交流会

静岡県浜岡原発周辺の住民、30名の支援訪問がありました。

原発周辺という同じ住環境から、支援者の皆さんと活発な意見交換が行われました。　又、世界一大きい”たい焼き”を頂き、みんなで美味しく食べました

11/25
秋田きりたんぽ
鍋と民謡の支援

秋田から”　きりたんぽ鍋”　の振るまい支援と民謡、踊り等の
支援が有りました。
当日は、あいにく雨降りとなりましたが、他仮設からの参加者も
加わって、賑やかな雰囲気の中、支援者の皆さんと共に楽しい交流会
となりました。
”　きりたんぽ鍋”　の味は、地鶏肉の味がしみこんだ美味しい味でした。

2015（平成 27）年

1/30
味の素料理教室

当日は雪降りでしたが、集会所内では、味の素支援の料理教室が開かれました。
JAICAの生徒も一緒に参加し、作った料理を皆で美味しく味わいました

3/14
3・11なみえ復興の集い

3.11なみえ復興の集いが、安達文化センターで行われました。
昨年に比べ、参加者が多く各仮設の展示場も大賑わいでした。

当仮設からは、丹精込めて作った様々な着物リメーク品や手芸小物品が展示されており、見学者からは、”これいいね”これすてステキね”などの声があり作品の一部は売り切れが出るほど、大好評でした。

5/13
懐メロ演奏交流会

めずらしい昔の蓄音機と、スピーカから流れる昔の曲を聴いて懐かしくなりました。 又、相馬盆唄に合わせて、みんなで踊りました。

8/1
那須甲子青少年の発表会

国立那須甲子（なすかし）青少年の子供達が、東北の被災地/避難地を訪問して、避難者との交流会を通し,いろいろと感じたことをみんなの前で発表（プレゼンテーション）しました。

8／6
灯明作り

灯明作りが行なわれました。

それぞれ、色とりどりの袋にハサミで文字や形を切り抜き、最後に別の袋にかぶせると、多種多様な灯明が出来上がりました。

8／9
納涼祭

雨模様のため、集会所内での納涼祭となりました。

婦人達がつくったカレーライスや、煮物、オードブルなどを食べながら、お手玉入れゲーム/早のみ競争/ジェスチャ-/ビンゴゲームなどを行い笑い声が絶えない,楽しい納涼祭になりました。

10/8
援歌ミニコンサート

後藤聖子さんの　演歌ミニコンサートが行なわれました。
歌も、衣装もとても素敵で、一緒に歌いながら楽しいひとときを過ごしました。

11/17
陽気暮らし講演会

陽気暮らしについて、いろいろとお話をして頂きました。

また、鳥羽ゆうこ　さんが、”こころの花”など数曲を歌ってくれました。

2016（平成 28）年

2/8 味の素料理教室	今回もまた、味の素料理教室が開かれ、美味しく頂きました。 今回のメニューは　ザーサイきつねごはん、たっぷり餃子と野菜スープ、 ささ身と野菜のゴマ酢和え、デザートは豆腐で作った杏仁豆腐でした。

2/10 浪高生と交流会	浪江高校生（2年生14名）と、ユニクロとの人材育成事業に協力、 この中で、試着交流会などを行いました。

2/17 ルワンダカフェ	今回、マリールイズさんと一緒に来訪されたのは、3人の外国人で 左から（スティーブ・リーバン）（アーニ・ガンダーセン）（メアリーオルリン）さん です。それぞれ大学の客員教授や、原発の技術者、生物学者で原発事故の 放射線影響や現在のメルトダウン状態の3基について厳しく指摘されてました

2/24 高橋樺子さん　と の交流会	今回、樺子さんが、 大阪の”たこ焼き”を作って下さり、 美味しく　いただきました。 その後、樺子さんの歌と踊りで 楽しい、一時をすごしました。

2015年3月11日　追悼集会

2016年3月11日　追悼集会

Ⅳ　ドイツのTV報道記者のインタビューに応える

ドイツでの放送の復元

ドイツのTV報道番組に「シュピーゲル・テレビマガジン」（Ｓｐｉｅｇｅｌ　Ｍａｇａｚｉｎ）がある。１９８８年に始まり、毎週日曜40分間放送されるドイツのドキュメンタリー番組で、内外の政治・経済・社会における出来事を迅速かつ綿密に調査し報道している。

また、シュピーゲルグループの週刊誌『シュピーゲル』（Ｄｅｒ　Ｓｐｉｅｇｅｌ）は、１９４７年創刊の、歴史と権威のあるドイツを代表するニュース週刊誌である。発行部数もヨーロッパではトップクラスで、徹底した調査を基礎にした記事には定評がある。

同TV番組の記者が東日本大震災の一年後に来日し、各地の災害の状況の実見や被災者の聞き取りを行い、母国で報じた。この時取材を受けた旧平石小仮設住民は（２０１２年2月10日）、その後同番組のスタッフよりドイツで放送した番組のＤＶＤの寄贈を受けた。ここに収めた記録は、同ＤＶＤの中から旧平石仮設住宅でのインタビューおよび浪江町・南相馬市・東電福島第一原発に関する部分を日本語訳したものである。

上側の数字は、特別番組である全編1時間17分の映像の中で、時間の経過を示す分数と秒数を表している。

（翻訳者・大治はるみ記）

（地震、津波、原発の爆発の衝撃的映像が流れる）

０：15　まず地震が、そして津波が襲ってきた。

「たくさんの人が亡くなった」

０：30　そして最後に原発の大事故。爆発により放射能に汚染された周辺地域の検査。

シュピーゲルTVが大震災を振り返る。

フクシマの事故は人びとの心を深く傷つけ、日本を、福島を変えた。

「この放射線量ではもうここには住めない」

1：10　1年後の日本〜（スペシャル番組）〝地震に揺れた国〟〜

「こんばんは。今日は日本よりスペシャル番組をお送りします」

1：20　ここは1年前、数メートルの津波に襲われた場所です。（浪江─注訳者）

たくさんの人々が津波にさらわれ、続いて人災とも言える福島第一原発でのメルトダウンが起き、甚大な被害をもたらしました。この原発大事故によりドイツは原発政策を転換、そして日本は深刻な危機に陥ったのです。

（仙台関係の報道・略）

3：55　日本の震災の惨劇は今でも続いている。

被災した海岸から遠く離れた場所に造られた仮設の避難場所もそうだ。

我々はその避難所のひとつがある二本松へ向かう。避難区域から避難してきた沢山の人々が住む避難村のひとつだ。ここに渡邉さんは81歳の父と住んでいる。

「どうぞ、お入りください。とても狭いから気をつけてくださいね」

4：30　洗濯機・炊飯器・冷蔵庫など家電製品は全て新品だ。

浪江の家から持ち出すことの出来た数少ない物のひとつが、津波に流された過去の思い出を綴るアルバムである。

「この辺は（請戸）もう何もない、すべて流されて無くなりました」

「これは家族で旅行に行って一緒に食べたときの写真です」

「これは息子が小学校の時、おじいちゃんがまだ若い頃の写真です」

5：10　渡邉いつこ（悦子─注訳者）さんは浪江町の出身だ。

太平洋沿いの漁村の美しかった浪江町は、地震による津波と原発事故で人の住めない町となった。今は人っ子一人いない。

5：30　「原子力発電所の爆発で、アリが散らばるようにみんな逃げたんです」

「当初の放送では、外に出ないようにとの警告でした。雨が放射能に汚染されているから、家の中にいるようにと。でもそんなこと知らなかったから、子供達は遊んだり犬を散歩させたり、みな外へ出ていた」

5：55　その数日間でどれくらいの放射能を浴びたのか、彼らにはわからない。更に酷いのはすべてを置いてこなければならなかったことだ。

6：05　「これは浪江のお米です。持ってこれたお米はこれだけです」

「それはもう沢山の人が亡くなりました。親戚でも友人の中でもたくさん津波で流されてしまいました。避難後に亡くなった方もいます。だから最初に短時間の一時帰宅が許された時、まず持ってきたのは喪服なんです。それから何度もお葬式に行きました……本当に辛かったです。

沢山の方が亡くなり、原発事故まで起きて、もうすべて本当に辛くて苦しかったです」

6：50　渡邉さんは喪服をセロファンの袋に入れている。

浪江の自宅から持って来た家族の喪服が入った4つの衣装袋を見せてくれた。

7：00　父親の渡邉あきらさん「もし帰れるものなら自分の家に帰りたいです。この二本松も悪くはないですが、やはり心が休まるのは自分の住んでいた家ですから。今すぐにでも帰って家を片付けたいです」

（宮城・岩手県関係の報道・略）

31：42　陸前高田市……すべてが消滅した町。二度と昔の姿を取り戻すことはない。そのはるか南にある福島原発の南方まで津波が襲い、壊滅的被害をもたらした。東京から車で3時間程のいわき市もその町のひとつだ。海の近くに住む30人が3月11日、命を落とした。

32：24
（津波の映像「早く、早く、こっち来て！」「キャー！」「アーッ！　アーッ！」）

津波がすべてを破壊し死をもたらした。数週間後の映像はまるで戦争の痕だ。

32：37
1年後の同じ場所、瓦礫はすでに撤去されている。が、人びとの心には深い傷が残ったままだ。

32：45
28年間いわきに住むドイツ人で、ドイツ語教師のユルゲン・オーバーボイマー氏。津波は彼の家の50m手前まで押し寄せた。「そこが漁港です。この小さな漁村はこのとおりすべて消滅してしまいました」

33：09
かつてあった自分の家の跡地に立つ女性に、我々は出会う。イガリさんはここで中華料理店を営んでいた。唯一残された焼きそばの皿のかけらを見せてくれた。「近所の人の多くは津波で亡くなった。瓦礫の中から、我が子を抱きしめたまま亡くなった母子の車も見つかった。可愛い子だったのよ」彼女は震災の悲しみから逃れ、今は東京に住んでいる。

34：17
だがユルゲン・オーバーボイマー氏は、津波と原発事故の被害後もここに住み続けている。原発大事故による放射線量を自分の庭で計測する毎日。計測器を地面に置くと数値は更に跳ねあがる。

34：42
「なぜこんなに線量の高い場所に住み続けているのですか？」

「もう28年もここに住んでいるから、そう簡単に住処を変えられません、もう若くないし子供も自立している。小さい子供でもいれば引っ越すだろうが」

35：16
原発事故で彼と日本人の妻のまりこさんの生活は大きく一変した。原発への不安は消えず、毎日ネットでライブ映像をチェックしている。彼の家は33㎞しか離れていない。

「原発がすぐ近くにあるから常に頭から離れない、これから一生、一緒に闘っていくしかない」

35：51
『フクシマダイイチ』（福島第一原発―注訳

者)、それはチェルノブイリ以来の原発大事故の代名詞となった。

「大地震と津波の翌日、原発大事故というかつてない大惨事に見舞われます。数十年もの間日本人は原発の安全性を信じてきましたが、自然災害の翌日、起こってはならない事故が起こりました。ここから20kmにある福島第一原子炉の爆発です」

36:23

3月12日土曜日15時36分第一原子炉が爆発、そのニュースは世界を震撼させた。「今後も原子炉の爆発が続く可能性があります」と、世界中の国々が緊迫したニュースを速報で報道し続ける。刻一刻と状況は悪化していく。東京電力はもはやコントロールできない。

37:17

東電は現在に至るまで原発の詳細の状況を明確には公開せぬままだ。青山繁晴氏(政府の諮問委員)は一番最初に原発の構内に入ることのできた一人だ。原子力の専門家である彼は、独自に破壊の規模を報告した。事故の6週間後の映像を撮影、高放射線量のため短時間しかいられない。第4原子炉の前に立つ。「ひどい損壊です。操業は不可能だ」

38:00

東電の運転手の同伴で裏の海側の荒廃ぶりを見て言葉を失う。

38:16

「まるで海から軍艦が原子弾のロケット砲で、原発を襲撃したかのようでした」と青山氏。しかし襲ったのは自然である。核エネルギーの安全神話が崩れたのだ。

38:38

「原発大事故以来、東電の東京の原子力博物館は閉鎖。それまで数十年に渡り多くの見学者が訪れました。原子力エネルギーは社会に受け入れられ、政府によっても推進されてきました。フクシマの事故で原子力神話は終結を迎えたのです」

39:03

日本にとって原子力エネルギーは未来への「約束」だった。続々と建設される原発により工業がめざましく発展した。これは1960年

39：26　代の福島原発の原子炉建設映像である。（略）
日本は原子炉を海に直接面した位置に建設した。高潮や津波の危険にも十分対処できると信じられていた。（略）

40：00　原発用冷却水の供給をより経済的に（節約）するために、海岸までも削り取られた。今日では設計ミスはこれだけではなく、更に恐ろしいミスがあったと批評家は見ている。

40：15　原発反対論者の伴英幸氏。「設計はアメリカから輸入したわけですが、アメリカの災害は津波ではなくハリケーンのため、発電機は地下室にあったのです。しかし日本は海に直接面して建てるので、津波に対する防護対策をもっと考える必要があったのに、当時それが十分なされなかったのです」

40：40　起こりうる非常事態のシナリオを、日本の原子力産業は明らかに十分に考慮してこなかった。非常時の電源供給システムはタービンの地下室、即ちより海の近くに設置されたのだ。まるで津波の危険など皆無かのように……。

41：00　青山繁晴氏「本当に信じられないことに、東電は非常時の電源供給システムを建物の地下に置いた。つまり非常時には簡単に海水によって故障してしまうのです」

41：18　これらの写真は3月11日の午後撮られたものだ。非常時用発電機と配電器は破壊されている。

41：30　（略。冷却機能がストップしたことで、核燃料棒の温度が上昇、爆発に至るプロセスの説明）

42：15　原子炉1号機の爆発に続き、3月14日には3号機も爆発し、大量の放射能が拡散する。原子炉6基のうち3基がメルトダウンしていた事実を、東電と政府がようやく認めたのは事故後2ケ月のことだ。東電は重大事故を過小に評価していた。

42：35　当時の福島第一原発所長が青山氏に語る。「最初の一、二週間は事態がどう展開していくのか見当つかず、まずはひたすら冷却することを試みた（略）」

43:08　続いて原発事故による環境汚染が起こり、最初は原発周辺の住民のみが避難させられた。当時の首相が国民に告げる「区域内の住民はすみやかに避難するように」（略）

43:49　政府はまず原発の周囲20㎞、後に30㎞を避難区域と定めたが、放射能に汚染された空気は北西の方向へ、想定された30㎞を遙かに超えて広がった。

44:02　これはちょうど数千人の住民が避難した方向で、外で寝泊まりして何日も高濃度の放射線の危険にさらされ続けた人々もいたが、危険であるとの情報は伝えられなかった。全く信じられないことである。

44:20　伴英幸氏「〝スピーディー〟という放射能警報システムのソフトウエアを日本は1億5００0万ユーロ以上かけて開発しました。これは漏れた放射能の拡散の仕方や濃度を測定できるもので、今でこそ公開されていますが、当初政府は1ケ月以上もの間、そのデータを国民に隠していたのです」

44:42　こうして浪江町の住民も警告を受けることなく西方の津島地区（原発から北西20㎞以上離れた地域—注訳者）に避難した。そこはまさに放射能雲のど真ん中に位置している。数日後更に離れた二本松に避難することになる。

45:00　1年経った今でも彼らはまだ故郷から60㎞離れた二本松で避難生活を送っている。町役場も一緒に避難している。仮役場に勤務する町長補佐清水氏は避難状況について今も憤っている。「3月15日は風がこの方向に吹いていたとの情報をもらっていれば、西の津島でなく別の方向に避難場所を探すことができたのに…」

45:36　結局何日も、放射能の流れた津島の避難所に留まったのである。原発大事故の放射能から守られることもなく。

45:48　「原発周辺で生活していた人々は、メルトダウン後の知らされるべき時に何も警告されなかったのです。国は放射能に汚染された空気が流れた方向も知らせず、故郷にはいずれ帰れると信じ込ませています。避難して以来心の拠り所となった彼らの故郷の村々に……。いまだ何千人もの人々が一時避難所や仮設住宅に暮らしています」

46:15　日本のような高度テクノロジーの国でさえ、原発事故の被災者はこのように避難生活を送らねばならない事実に、震撼させられる。

46:28　毎日避難所の休憩室では、心にショックを抱える人たちが集まって話をする。「私は戦争を経験したが、放射能は目に見えないから戦争より恐ろしい。不安だ」

46:52　また多くの人々が東電から適切な損害賠償を待ち続けるも、未だに実現していない。これまでに支払われた補償金はたった1万ユーロ、損失を考えればすずめの涙だ。「申請をしてしばらくしてからお金が振り込まれてくる為、金額も時期も人によってバラバラなんです」

47:23　昔の生活をここで取り戻そうと頑張る彼らを助けるのが役場だ。かつて浪江の町役場に勤務していた職員たちは、今は大きな1つの部屋を部署で分けて使っている。（日本語部分・略）

48:13　「避難民はいずれ故郷の家に戻ることをずっと望んでいる」

「将来の目標がなければ、いずれ自殺する方も出てくる可能性がある」

48:43　住む者の居ない浪江の現在を撮影した映像はほとんどない。これは昨２０１１年11月に家庭用ビデオで撮った映像だ。事故後8ヶ月経っている。「今津島の中学校前にいます。地面の放射能レベルを測定しています」

49:17　この地面で測定されたのは、ドイツでは通常毎時０・１マイクロシーベルトであるのに対し、その６５０倍もの線量だった。

49:25　「61…63…65・17マイクロシーベルト／時です！」

49:40　浪江は今や居住不可能なゴーストタウンの地域だ。その原因となった福島第一原発はすぐ近くにある。

50:00

ようやく日本の政府も、立ち入り禁止区域が原発の周囲20~30㎞という円では収まらないことを認識し、北西に避難区域を広げた。

50:14

南相馬市。今後数年は居住不可能な区域の端に、ある私的支援組織の事務所を見つけた。一人の仏僧のもとで、本来なら東電がすべき支援活動をボランティアで行っている。

50:58

三浦万尚僧侶はミネラルウォーターや麺類、冬着などを詰め込み、我々にも防護服を着るようにアドヴァイスし、避難区域に残る住民の元へ車を走らせた。避難後この区域には、放射能を恐れて足を踏み込む者はおらず、支援組織が手を差し伸べることもない。

51:35

30分ほど走ると飯館村に到着、僧侶は避難勧告後もいまだ住み続ける老夫婦を探す。住民の殆どはここで人生を過ごしてきたが、残る者は殆どいない。三浦僧侶は週に数回訪問する。

52:10

この辺の店は全て閉じて買い物もできず、外界との接触は唯一この僧侶だけだ。「即席麺持ってきました」「手袋のサイズは大丈夫ですか？……」。この老夫婦は広島被爆を体験した世代だが、今度の敵は自分の国である。相当する補償金は断っている。

52:45

「東電から緊急援助金として一人10万円もらったよ。その後また10万、また10万と」

53:05

30万円とはほぼ３０００ユーロの金額である。その援助金の証拠に、この家の周りでは２・６マイクロシーベルトという高い放射能数値を検出した。防護マスクを付けて、数メートル進むともう危険な数値に跳ねあがる。

53:33

「アラームが鳴ってます。３・９、14・５、17・８、どんどん高くなってる。20・2、私の線量計ではもう測定不可能です」「こういう雨樋の下では屋根の水がつたって数値が高いのです」

54:09

「高い所では５００以上ありました。南相馬市の汚染されたプールでは１０００以上ありましたからね」

54：23　こうした結果を目の当たりにしても、なぜ住民は避難しないのか一層疑問になる。「避難所で生活するストレスより、放射能に汚染されていても自分の家に住む方を選んだのです」

54：43　避難できる住民はとっくにしている。人っ子一人いない村々……。放射能汚染区域の映像はチェルノブイリを彷彿とさせる。破綻した原発政策のデジャブー（既視体験）……。想定外の大災害……。

55：04　道路端で僧侶は測定を続ける。全て数値がメモされその変化は記録されるが、数値が下がることはない。

55：35　ある井戸の近くで突如数値が上がった。胸部のレントゲン検査ほどの放射線量だ。「41マイクロシーベルトなら1時間しか留まれません」「通常の1000倍の放射線量ですね。それでもここに住み続ける人がいるのですか？」

56：00　「日本の政府はこの地域も除染して再び住めるようにしようとしてますが、こんな放射線量の値を下げるのは不可能です。このエリアにはもう人は住めません」

56：20　この日の終わりに三浦僧侶は立ち入り禁止区域の入り口に向かう。責任者達が遙か離れた所にいようとも、彼はここで「原発再稼働　絶対反対」のプラカードを掲げて、政策の間違いに対する憤りをぶつけることができる。

56：40　「日本政府は国民に放射能の危険性の説明をせず、原発はとても安全であると国民に刷り込んでいったのです」。入口で接触を試みる。「いいえ、ここから先は入れません。コメントがあれば事務所に残して行って下さい」

57：12　大事故から一年経った福島第一原発は、いまだ非常に危険な場所である。東電がいくら映像で計画通りに再建を進めている印象を与えようとも。

57：45　毎日数台のシャトルバスが原発まで作業員を運ぶ。彼らを「原発の侍」と称賛して呼ぶ者もいるが、理想を追っている者は極めて少なく、多

58：00 くは経済的に困窮している人たちだ。東電は彼らにジャーナリストと話すことを禁じている。

58：44 我々はシフトを終えた作業員のバスの後を追った。東電の敷地内の宿泊所に入る所で、数人に質問を試みる。「原発構内の仕事は大変ですか？」「大変です」撮影は3分もしないうちに終わった。

01：00：00 宿泊所入口で尋ねる。「作業員と話をしたいのですが、だめですか？」「だめです！」（略）

01：00：24 この東電の東京本社は不可侵の権力の場だった、2011年の3月11日までは。

それ以降このホールで東電は、毎日公開説明を試みている。が、毎回驚くほどの自信を見せる。

「2度とメルトダウンを起こさない自信が100％あるのか？」。東電の広報担当「冷却システムの強化や電源供給確保などにより、もうこのような事故は起こらないと見ている。同規模の地震、15mの津波が来ても、これらのシステムは維持できると思っている」

01：00：58 なんとも驚くべき陳述である。日本の原発はほとんどが海沿いにあることから、専門家たちは早くから既に、もっと堅固な津波の防御策を要求してきた。

01：01：10 青山繁晴氏「当時、より耐久性の高い防波堤を作るべきだと言い続けたのですが、いまだ暫定的なものばかりです」「ほかの原発ではどうなんでしょう？」

「もちろん他の原発でも防波堤は低すぎて弱すぎます。より高くてより強固な防波堤が絶対必要です」

01：01：50 日本や世界の国々が感謝すべきは、原発事故がこれ以上の惨劇を生まないよう尽力している現場の人びとである。本田しんいち氏もその一人だ。本田氏は電気技師として、原発内の瓦礫の中を、新たに電気を通したり冷却システムを再稼働させる業務に従事していた。

01：02：35 原発で働いているうちに、彼は重い病に侵される。謎の免疫低下で体が動かなくなり、欝の薬を飲んでいる。医者は原発内での仕事のストレスが大きすぎたからだと言う。心身ともにダウンしている。

01：03：03「原発事故後、日本政府は最初原発の周囲20㎞、次に30㎞と居住禁止区域を広げ、8万人もの住民が避難しました。今私は20㎞圏の立ち入り禁止区域の入り口に立っています」

01：03：24　ゴーストタウンと化した南相馬市の小高区は、原子炉から17㎞北にある。

事故の直後、政府はバスを出して住民を避難させた。避難は今も続いている。立ち入り禁止区域線沿いに、当時田中氏の馬の飼育場があった。馬たちは津波でひどく傷を負ったものの、生き残ることができた。田中氏は避難せざるを得ず、2週間後に戻った時にはすでに4頭が死んでいた。

（屍骸が横たわる映像）

「自然災害ではこうはならない。地震も津波も恨まない。恨むのは原発だ。原発さえなければ……」

01：04：23　我々は1年後に田中しんいちろう氏と再び会った。1年掛けて彼は動物たちを圏外に連れ出す作業に成功する。「震災の時は本当にひどかった。辛かった。一生忘れられない。だが、日本人は1年経つともう忘れているのには驚かされる」。田中氏の馬のように命が救われるのは例外である。

01：05：14　死の区域から救助された動物はほんのわずかである。その一部が東京に近い動物避難所にいる。ボランティアのため、場所も資金も不足している。「700匹以上の犬猫を救助してきたが、政府や東電からは一切資金をもらえない。民間からの寄付金でまかなっています」

01：05：47　定期的に彼らは避難区域をパトロールし、腹を空かせた動物たちを保護しているが、牛やダチョウを救助する術がない。何でも食べる犬たちはなんとか生き抜いてきた。見放された犬たちは人間を怖がるようになっていた。何時間もかけて捕獲を試みるも大抵失敗に終わる。かつてはペットとして可愛がられていた犬たちもすっかり野犬と化した。

01：06：30　原発大事故によって、日本の国土の８％が放射能で汚染された。福島市の大波地区もその一つだ。原発から60㎞も離れていながら、高濃度の放射能が心配されている。庭の除染を試みる経験知がない。これほどの広範囲にわたる除染は初めてである。

01：07：21　これほどの大規模な除染は大変な試みである。正面部分は洗い流し、汚染された地面は1センチ単位で削り取る。しかしどの程度削ればセシウムが安全な数値に至るのか、すべては未知の世界だ。

01：07：44　近隣から来ている老年の男女たちは、普段は造園業をしており、今は原子力汚染と闘うためパートで除去作業に従事している。「放射能が怖くないといえば嘘になる」

01：08：10　「放射能汚染された土はできるだけ早く除染すべき」とする役所。目が回る大課題である。「福島県には11万戸の家（放射能汚染地域の戸数―注編者）があり、5年以内にすべて除染する計画です。この地域は４１８戸のうちほぼ１７０戸の除染が終わりました」

01：08：39　いつ、そして本当に何千ヘクタールもの森や土地が同様に除染されるのか未だ決まっていない。

01：08：47　福島市では国への信頼は崩れ落ちた。ここでは市民による委員会が独自に放射線量の測定を行っている。日本人らしく誠実で几帳面に。

01：08：57　「外部からこちらに放射能を持ち込まれたくないというのが1つの理由です。非常に低い地域で測っているので、その低い状態を維持したいのです」。市民プロジェクトの撮影をする前に、宍戸さんは我々の放射線量を測る。すべてが正常値だった。

01：09：20　地方行政が年間被曝量の許容量を20倍に増やして以来、多くの市民は国の測量所を避けるようになった。

01：09：35　母親の穂積あすかさん「行政の測量所で測ってもらうと、どんな状態でも大丈夫だといわれると聞いてます。ここでは正確な値が教えてもらえるので、すごくいいと思います」。

01：10：03　政府に対する不信感は、首都東京でもますます頻繁に見られるようになっている。1ヶ月前には1万人が原発反対デモを行った。原発反対者の伴英幸さん「福島でも3月11日に向けて大きな集会を予定しています。全国的に呼びかけて、世界に向けて発信したいと思います」

（以下、陸前高田関係の報道・略）

翻訳者・手記

２０１１年3月11日午後2時46分、九段下にいた私は突然の揺れに外に飛び出した。東京で唯一死者の出た九段下にサイレンの音が鳴り響き、周辺の高層ビルはプリンのように揺れ続けた。結局電車は動かず、ようやく連絡が取れた主人は、夜中に徒歩で12時間かけて老母と犬の待つ横浜の自宅に帰ってくれ、私はホテルグランドパレスの2階の廊下で一晩過ごさせて頂いた。ホテルのスタッフの方々が廊下やロビーに溢れる帰宅困難者全員に、シーツと朝晩の軽食を配って下さり、有難さが身に沁み、夜中にはそっと追加のシーツを掛けて頂き、体の痛みも和らいだ。これも有難い経験と思おうとした。翌日TVで地獄絵図のような被災地の映像を見るまでは……。

流される車、家、人びとの叫び、ついには原発が爆発した。ドイツの友人達から、すぐドイツに逃げて来るよう電話やメールを次々と頂いたが、「極寒の中を食料や水の行列にじっと並ぶ東北の方々を日本人として誇りに思う、日本は必ず復興する」、と感謝を込めて返事をした。チャリティーコンサートや震災バザーは開催したものの、体調が悪く被災地にお手伝いにも行けず、心身苦しまれている被災者の方々の報道を見ながら悶々とする毎日だった。

それだけに翌年叔父（安在邦夫）から、二本松市にある浪江の仮設を取材したドイツの報道番組の翻訳を頼ま

ドイツのTV報道記者のインタビュー風景（2012年2月10日　写真提供渡邉悦子氏）

れた時は、ようやく直接何かできることに感謝した。

　その番組で取材された渡邉悦子さんとお電話でお話しするうち、2013年春に横浜の我が家に来てくださることになった。特に鎌倉で渡邉さんがとても喜ばれている姿を拝見して本当に嬉しく、素敵なご縁ができた感謝で胸が一杯になった。我が家では叔父と一緒に仮設の写真を見ながらお話しを聞かせて頂き、「ふるさと浪江」を一緒に歌った。『ふるさとはいい、けれど帰れない。帰りたいなあ、わがふるさとへ……』琴や三味線をつけて練習する度に涙が出た。その後も演奏時に、よく「ふるさと浪江」も披露させて頂いたが、避難された方々の思いに、いつも多くの方が涙ぐまれていた。

　同年夏には、高野和子さんと叔父とご一緒させて頂き、二本松市の仮設の訪問が叶った。狭くて音も筒抜けのプレハブ住宅が並ぶ脇には、汚染土の入った黒い袋が山積みされたままで、胸の詰まる思いで集会所に向かうと、天野会長はじめ皆さんが素敵な笑顔で迎えて下さり胸が熱くなった。被災された方々の手記を読みながら直接皆さんのお話や思いをお聞きし、お借りした三味線で「ふるさと浪江」と「ふるさと」を合唱したが、「ふるさと」という言葉が辛すぎて嫌いだという声もあり、想像を絶する苦難を乗り越えようと頑張っていらっしゃる姿に、何もできない不甲斐なさを感じながら、いろいろと学び考えさせられた。頂戴した手作りの品々は、宝物としてずっと棚に飾っている。

夜は急遽、仮設の渡邉さん宅で美味しい手づくり野菜をご馳走になった。台所には二人しか座れず、ご主人には後でお食事をして頂くことになるなど、恐縮しながらも、心温まる楽しいひとときだった。翌日はお友達の宮代さんの車で、荒れ果てた浪江の町やご自宅を案内して頂いた。津波に全て流された辺りは悲しい魂が彷徨っているようで、心臓がえぐられるような思いにかられながら、第一原発の見える場所に建てられた鎮魂碑に手を合わせた。悲痛な思いと、皆さんと交流できた感動の入り混じった、一生忘れられない二日間だった。

翌2014年に伺った時には、浪江の障害者施設「アクセスホームさくら」にも伺い、明るく未来に向かって頑張る若者やスタッフの方たちの姿に感動と元気を頂いた。手づくりラスク等を購入することで支援につながる。震災を、被災者を「忘れないこと」がいかに大切か、皆さんから直接学んだことを、忙しい日々の中でも常に心に刻んでいたい。

昨年（2016年）の熊本地震では親戚や母の友人も被災したが、渡邉さんから「今度は高野さんへ恩返しをする番だ」と、仮設の皆さんが懸命に支援されていることをお聞きした。何と心温まる感動的な絆だろう。素敵

大治はるみさん＜左＞と渡邉悦子さん＜右＞（写真提供大治はるみ氏）

な方々と触れ合う機会を頂き、沢山のことを学ばせて頂いた皆様に改めて心から感謝申しあげます。
無力ながらこのご縁を今後も大切にさせて頂きたく、浪江の皆様がお元気でお幸せな生活を取り戻されることを切に願っております。

［翻訳者・略歴］
東京外国語大学ドイツ語科、１９８４年卒。１９８８～94年ドイツ在住（２年の銀行勤務後、日本人学校琴部の指導や演奏活動に励む）。帰国後は主にドイツ語の翻訳に従事。現在は生田流箏三弦大師範、横浜日独協会運営委員、日独婦人交流会会員として、琴三弦の指導・演奏及び日独交流活動や日本文化の紹介に努めている。

V　望郷・ふる里を唄う

東電福島第一原発事故でふる里を追われた浪江町の町民は、ふる里を想い、追憶し、自らを鼓舞する唄を作り、唄っている。「ふるさと浪江」・「がんばれ浪江」・「葉桜の頃」である。

1　ふるさと浪江

作詞　根本昌幸
作曲　原田直之
編曲　新堀広介
唄　沢田貞夫

一
ふるさと離れ　遠くへきたよ
ふるさとはいい　けれど帰れない
帰りたいなあ　わがふるさとへ
みどり豊かな　あの町へ
ああ夢にみるよ　ふるさと浪江

二
鮭《さけ》のぼりくる　泉田《いずみだ》川よ
にぎわいをみた　請戸《うけど》の浜よ
帰りたいなあ　わがふるさとへ
桜花咲く　丈六へ
ああ夢にみるよ　ふるさと浪江

三
秋は紅葉《もみじ》の　高瀬の渓谷《たに》よ
美しかった　あの一の宮
帰りたいなあ　わがふるさとへ
とどろきわたる　不動滝《ふどうたき》
ああ夢にみるよ　ふるさと浪江

2 がんばれ浪江

作詞　根本昌幸
作編曲　新堀広介

一
耐《た》える時には　耐《た》えてみよ
明るい春は　きっと来る
泣いてはだめだ　負けるなよ
がんばれ　がんばれ
がんばれ　浪江
ふるさと浪江に　帰るまで

二
花はつぼみで　いるけれど
きれいな花を　咲かせるよ
下を向くなよ　上を見ろ
がんばれ　がんばれ
がんばれ　浪江
ふるさと浪江に　戻るまで

三
冬は必ず　春になる
笑《え》顔《がお》見せなよ　泣かないで
光り輝く　太陽も
がんばれ　がんばれ
がんばれ　浪江
ふるさと浪江に　行く日まで

（浪江町長馬場有講演配布資料　上・下）

3　葉桜の頃

作詞　根本昌幸
作編曲　新堀広介
唄　岬　花江

一
桜が散って　葉が芽を出して
なにがあっても　季節は巡りくる
だけどあの人　もう帰らない
わたし一人を　残しておいて
桜葉桜　咲く頃に
わたしを好きと　言ったのに

二
哀しいことが　あってもわたし
負けないからね　必ず頑張るわ
あなたあなたに　誓うから
悲しくたって　もう泣きません
桜葉桜　咲く頃に
あの人好きと　言ったのよ

悲しくたって　もう泣きません
桜葉桜　咲く頃に
あの人わたしも　好きでした
あの人わたしも　好きでした

（浪江町長馬場有講演配布資料　上・下）

第二部　福島と熊本・お互い様の心

二〇一六(平成二八)年四月一八日、編者は旧平石小仮設住宅を訪ねた。その折、まず目に止まったのが、集会所の入り口に置かれた「熊本震災義援金」と書かれた大きなペットボトルである。旧平石小仮設住宅に住む人びとは、浪江での生活とは全く異にする過酷な日々を送っている。そのような境遇にもかかわらず、当該仮設住宅に住む皆さんが異口同音に発せられたのが「今度は被災した熊本をわたしたちが助ける立場」という言葉で、そろって義援金集めに奔走しておられたのである。

編者が大変感銘を受けた仮設住宅住民のこの対応については、新聞でも報じられた(『毎日新聞』二〇一六年五月五日、熊本版)。同記事で触れられている高野和子さん(熊本県合志市職員)は編者の旧来の知人で、旧平石小仮設住宅の方々との交流の機会をもち得たのも高野さんを通じてである。この経緯については後述する(第三部・Ⅱ)。

原発事故は多くの人びとを見通しの立たない生活へと追いやった。しかし、そのような中でも、いやそのような境遇を経験したからこそ、同じ状況に置かれた方々への思いを共有することができたのである。前述の新聞の報道は、そのような原発避難者の〝心ある優しい対応〟を伝えているが、この記事に見える高野さんについては、これより先「福島支援」に関しすでに『西日本新聞』で報じられている。また、高野さんは被災者との書簡の交換も密にしている。高野さんに寄せられた被災者の偽り・くもりのない心情を伝える書簡は、読む人の心を強く打つ。ここでは二つの新聞記事、高野さんの自己紹介と手記、および高野さん宛ての避難者の書簡を収める。

Ⅰ　福島（浪江町）〜熊本（合志市）の被災者をつなぐ心

新聞報道より

1　〝細くとも長い支援を〟

〈震災三年・くまもとから
　合志市職員高野和子さん　育てた米　福島へ〉

（二〇一四年三月八日付『西日本新聞』より転載）

東日本大震災の被災者に自ら育てたコメを送り、被災地から感謝の手紙や四季折々の特産物が届く。合志市職員の高野和子さん（40）は、そんなささやかな交流を続けている。お年寄りの認知症に対する不安の声が届けば、手芸を楽しむための毛糸も送った。

「熊本にいてできることは少ないけど、被災地の思いをできるだけ受け止めたい」

仮設住宅の自治会からの寄せ書き、南相馬市の焼き物、手編みの帽子…。福島県から高野さんに送られた品々には、支援への感謝の思いが込められている

農業は未経験だったが、地元に遊休農地が増えるのが気になり、農家から水田を借りて二〇一〇年から稲作に挑戦した。すべて手作業の「趣味の農業」。土地所有者も手伝ってくれて、思いのほかうまくいった。「今年はど

れだけ作付けしよう」と、わくわくしていたところ、震災が起きた。「被災地に行くべきではないか」「つてもないのに役に立つのか」と迷った。義援金を送るほかは具体的な支援に結びつかないまま時間が過ぎた。

初めてコメを送ったのは二年目の収穫を終えた一二年一月。思いが募り、ネットで送り先2カ所を探した。二本松市と南相馬市の仮設住宅に住む、それぞれのグループ計約六〇世帯だった。物資の支援は一段落していたころ。「ありがたい。でも一度限りで忘れられるとつらい。これからも細く長くつながりを持ってほしい」。ある被災者の言葉が胸に響き、支援を続けようと心に決めた。多い年は二四〇キロを送った。風評被害に苦しむ福島産の果物やお茶なども積極的に買うように心がける。

昨年五月、初めて被災地を訪れた。

原発事故の影響で二本松市に避難した人から故郷の浪江町を案内してもらった。いくつもの検問を抜けると、人の姿はなく信号機だけが点滅する静かな街が広がっていた。放射線量は高く、線量計から目が離せない。「震災直後二、三日で帰れると思っていたんだけど」。被災者の嘆きに、かける言葉がなかった。

南相馬市の仮設住宅では、「手芸をするための毛糸が余っていたら」と頼まれた。合志市に戻って、職場で呼びかけると段ボール数箱の毛糸が集まった。現地からは毛糸を編んだ帽子や手袋が次々に届いた。

「福島のいいところも見てよ」。七月にある騎馬武者が駆ける南相馬市の祭りに誘ってもらっている。福島の人々の辛抱強さや義理堅さにふれて、「送った物よりも、いただいた気持ちの方が大きい」と感じている［和田剛］

(2)〝熊本の心　福島は忘れない〟

〈四年以上 合志から手作りのコメ
仮設住宅が義援金集め〉

（二〇一六年五月五日付『毎日新聞』〈西部朝刊〉より転載）

東京電力福島第一原発事故で福島県の浪江町から二本松市の仮設住宅（旧平石小学校―注編者）に避難した住

民が、熊本地震の被災者への義援金を集めている。熊本県合志市の女性から四年以上、手作りのコメを支援してもらっており、「今度は私たちが支える番だ」と善意の輪を広げている。

仮設住宅の集会所に「熊本震災義援金」と筆書きした大型のペットボトルが3本置かれている。脇には「くまモン」の縫いぐるみ。「いても立ってもいられなくてねえ」

と話すのは自治会長の天野淑子さん（64）。二〇一二年から毎年、合志市職員の高野和子さん（42）から玄米

仮設住宅集会所のペットボトルにお金を入れる天野淑子さん

やもち米が送られてくる。高野さんは「東日本大震災の被災のため自分ができる支援を」と考え、コメをプレゼントすることにした。震災の前年、廃れていく地元の田んぼを少しでもよみがえらせようと耕作放棄地を借り、一人でコメ作りを始めたばかりだった。震災の年に作付面積を三倍の一五アールに広げ、収穫を終えた冬にインターネットで天野さんたちがコメを求めていることを知った。

天野さんたちの仮設住宅から最寄りのスーパーまで約5キロあり、高齢者が袋詰めのコメを買って帰るのは一苦労だった。元々、ほとんどの住民が農家だったのに、震災や原発事故でコメ作りを断念した。「コメは自分で作るものだったのに」との悔しさも募った。高野さんから届いたコメは仮設の各世帯に配られ、週一回の茶会やお花見で食べるおにぎり、正月の供え物になった。「住民の交流のきっかけが生まれ、暮らしを豊かにしてくれた」と、天野さんはほほ笑む。高野さんを仮設に招くようになり、コメ作りの苦労をよく知る住民だからこそ、毎年欠かさず贈ってくれることに自然と感謝の言葉が出た。

熊本地震で高野さん自身は大きな被害を受けなかったが、市職員として被災者の対応に奔走する。高野さんは「大変な心遣いに胸がいっぱいです」と恩返しを喜ぶ。義援金は高野さんを通じて近く熊本県などに寄付されるという。

［宮崎稔樹、写真も］

Ⅱ　東日本大震災と熊本地震

熊本県合志市　高野和子

1　自己紹介

一九七三（昭和四八）年一二月熊本県生まれ。一九九六（平成八）年早稲田大学法学部卒業後すぐに帰郷し地方公務員となる。趣味は農作業・手品・茶道・着付け・旅行・外国語学習。東日本大震災の惨禍にショックを受け、福島県浜通りの復興をライフワークの一つに位置づけている。自称「田舎の半農小役人」。

2　手記「浪江町・旧平石小学校仮設住宅の皆様との不思議な御縁」

(1)　二〇一一・三・一一

今日は金曜、仕事はできるだけ片づけておこう。明日はいよいよ九州新幹線の開通か……。熊本県の小さな市役所に勤務する私は、当時所属していた総務課でデスクワーク中心の午後を過ごしていた。熊本の三月中旬は、肌寒さの中にも春めいた気配が感じられ、ウキウキしてくる時期である。しかし、二〇一一（平成二三）年三月一一日、午後三時近くになって（だったと思う）、同僚の一人が突然叫び出した。「東北で大変なことが起こっている！」。

大変なこと？　何だろう？　訳が分からなかったが、とにかくテレビを見てみろ！と言う。

……それからの驚きや悲しさは、言うまでもない。皆がより詳しい情報を得ようとしていた。私も、まずは事実関係を確認・把握し、それから何をなすべきか、何ができるかを検討せねばと考えた。併せて、職場内では「同じことがこの地で起きたらどうする?」という話が出ていた。災害時、当方のような市区町村役場は最前線で動かなければならないからだ。私は福祉課勤務経験があったので、大津波の映像を見ると、「これは基礎自治体（市町村）で対応できるレベルを超えている。県庁を通じて自衛隊の出動要請をすべきだ。そして激甚災害指定だろう」とすぐ感じた。しかし、それにしても被害が甚大すぎる。道路や線路は寸断、空港は破壊され、港湾も使用不能であるという。いかに自衛隊でも、すぐに救援活動に入るのは無理だろう。ましてや一般市民の自分に何ができるだろう? 何ということが起きてしまったのか。呆然とするほか無かった。

続く土日は、メール連絡が可能な国内外の友人・知人達と重苦しいやり取りを交わしつつ、テレビ等の報道から目が離せなかった。

そして週明けの月曜日、職場に出勤すると、住民の方（女性）が早々に来所された。一万円札を差し出し、「東北の支援に充ててほしい」と言われる。「お気持ちを届けさせていただきます」と述べてお預かりし、担当部署に引き継いだ上で日本赤十字社の募金にそのまま入金した。他の職員も何件か、似たような申し出を託されていた。匿名で迅速に行動する方々に敬意を覚えたものだ。

私自身も、早く何かしなければ、何か動かねば、と考え続けた。その結果、まずは「募金」、「ガソリンの節約」、「コメを作って送る」の三つを実行することにした。お米については、つい前年の二〇一〇年に稲作に初挑戦し、小さな五畝（五a）の田んぼを借りて結構上手にやり遂げたところだった（農地法に基づくと、正式には「作業委託」という形である）。三月はちょうど「今年の作付けをどうしようかな?」と考えていた時期で、しかも福島県では東京電力の原子力発電所が大事故を起こしたという。よし、コメを増産して福島県の方々に送るのだ。一人でそう決心した。人手が足りず余っている農地は本市にも多く存在するため、お願いすると簡単に田んぼを三倍（一五a）に借り広げることができた。当時はイネ苗も購入していたので、広さに見合った数の苗箱も注文した。

あっという間に田植えの季節（熊本では六月末）になり、農家の方々が機械で植える中、私だけは手植えで田植えを行った。東北の大震災発生後「ガソリン不足で大変だ」というニュースが印象に残っていたので、機械を使わずに敢えて汗を流し、わざと苦労してみようと決めていた。実際にやってみると心が挫けそうなほど辛かったが、もともと心身ともに健康であるし、やり終えた後の達成感は十分にあった。

稲刈りの時期（一〇月中旬）、カマで手刈りをして稲束を作り、竹の土台に「はざ掛け」をして天日干しで乾燥させた。田植えと同様、大変な重労働であったが、東北の被災地に比べれば愚痴を言うのもおこがましい、と自分に言い聞かせた。しがない小役人の自分ながらも、年代的には働き盛り。こんな時こそ精一杯の事をしないといけない。

天日乾燥を終え、籾摺りをして玄米の状態にした時（一一月）、自分にとって二回目のコメ作りが無事に終わったことを喜ぶ一方で、次なる問題が立ちはだかった。「福島県のどなたに、どうやって送ればいいんだろう？」。無我夢中で新米を収穫したものの、私は福島県に親戚や知り合いは全くいなかった。お米を送って喜ばれる宛ては皆無だった。メールやフェイスブックで無駄な呼びかけを試みる一方、インターネット等で手掛かりを探す日が続いた。

（2）浪江町（旧平石小学校仮設住宅）の方々との御縁

年が明けて二〇一二年一月に入ったある日、「支援」「要望」「米」などの言葉でネット検索をしていると、早稲田大学のホームページ上に「東日本大震災支援マッチングサイト」を発見した。お米がほしい方はいないだろうかと詳細を検索すると、二本松市旧平石小学校仮設住宅と南相馬市角川原仮設住宅の二件から要請が出ているではないか！　すぐにメールで提供の申し出をした。ほどなく返信（同サイト運営ボランティアの方々による）があり、両仮設住宅代表者のご連絡先を知らせていただいた。昼休みを過ぎてしまい勤務時間中になっていたが、上司の許可を得て早速その場で両方の方々へ自分の携帯電話で掛けてみた。平石仮設の電話は女性の方とつながり、全く面識の無い私に対し、浪江町からの避難者であられること、お米は喜んで受け取っていただけること、浪江町にやっと一時帰宅できた時には僅かな時間の間にできるだけの物を持ち出そうと全員が必死でいらしたこと等、いろんなお話を優しい声で語られた。これが渡邉悦子さんとの出合いである。平石仮設の住所等を電話口で伺い、書き留めた後は「一刻も早く発送しなければ！」と心が勇んで仕方がなかった。

私が一生懸命に作ったお米（うるち米・もち米）が、いよいよお役に立てるのだ。純粋に嬉しかった。周囲の嫌味な人からは「たったそのくらいの支援が何になる、焼け石に水だろう」などと足を引っ張られることもあったが、まるで気にならなかった。「労力も経費も私自身の負担であり誰の迷惑になるわけでもない。余計なお世話だ」と心の中で切り捨てた。完全な救済に到底及ばぬことは百も承知だった。褒め言葉も見返りも全く期待していなかった。未曾有の大災害に際し、自分にできるだけのことをするのが人間として当然と思っていただけだ。もちろん、私は普通の人間なのでいろんな意味での不安（変な人と思われたらどうしよう、喜んでもらえないかもしれない、等）は確かにあった。この時、最初の一歩を踏み出す上で、「微力だが、無力ではない」という言葉が、どれだけ心の支えになったことか！

(3)　被災地への「支援」とは

私が「お役に立てるよう頑張ります！」と電話で言った時、渡邉悦子さんが「いえ、頑張らないでください」と即答されたのは忘れられない。「支援活動を最初だけ頑張って、もう止めた～なんてことになるのが一番辛い。細くても長い支援を希望します」とのこと。まことにごもっともだと思った。

また、仮設住宅での暮らしが長引いてくると、何もすることがなく引きこもってテレビを見ているだけになったり、認知症や鬱病を発症したりする方々が現れて大変心配だというお話も伺った。平石仮設住宅では入居者の方々が裂き布マット作りや手芸小物作りで集会所に集まり、皆でワイワイ会話しながら作業をすることで相互交流や健康増進に努めているとのこと。素晴らしい取り組みだと思い、材料になりそうなものを集めてお送りした。他にも、避難生活中の皆様に喜んでいただけそうなものがあれば（お菓子・タオル・野菜など）差し上げてみたが、実際にどこまでお役に立ったり、喜んだりしていただけたのかは正直分からない。中にはトンチンカンな、勘違い自己満足な贈り物もあったかもしれない。

一方で、浪江町の皆様からもいろんな物をいただいた。心のこもったお手紙や寄せ書き、手芸作品、福島県名産の果物やお菓子、伝統工芸品の数々。そして何よりも（気障なようだが）お金で買うことのできない「心」「温かさ」「つながり」をいただいた。安在邦夫先生達とご一緒に平石仮設住宅や浪江町にも何回かお邪魔させていただき、涙が出そうな光景や場面も多かったが、実際に見聞する貴重な機会が与えられたことには本当に感謝している。

他方で、秘かな自問自答も止められない。私などに対してお返しをくださるが、自分はかえってご負担をお掛けしてはいないか？　時間の経過と共に支援の需要や要望は変わるはずだが、私は今、本当に必要な、喜ばれることをしているだろうか？　平石仮設住宅の方々へのお手紙やメールには率直にこのような気持ちを書いてきたし、直接お会いした時にもお尋ねしたことがある。その度に優しく対応していただいたが、「本当はちょっと違う、遠い熊本の人に無理は言えないけど……」などとお感じのことがあったかもしれない。私の反省・内省は尽きない。

（4）二〇一六・四・一六　熊本地震。浪江町の皆様ありがとう！

二〇一六（平成二八）年四月一四日午後九時半ごろ、自宅の居間でくつろいでいた時に、地震が起こった。思わず立ち上がって近くの食器棚を支えながら、今までに経験したことのない揺れの強さ、時間の長さに驚いた。それでもこの時点では大した被害はなかった。私のような市役所職員は震度五以上で緊急出勤することになっているが、「この程度なら行かなくても良いかな？」と思ったほどだ。

しかし、四月一六日の未明一時半ごろ、二階で就寝中に再び大地震が起こった。すぐに目を覚まし起き上がろうとしたが、大揺れで立ち上がれない。治まるのを待つしかなかった。早く職場へ出勤せねばと思い、身支度をして階下に行くと、家中の物がメチャクチャで足の踏み場もなく、ガラス物や焼き物も割れてしまって危なかった。大地震、大地震だ！　外はまだ暗かったが、我が家の塀が倒れているのが見えて仰天した。しかし、これから市役所が避難所開設や支援物資の手配・配布等を行うため様々な災害関連業務が職員に課せられるのは目に見えている。自分の家など、片付けはもちろん驚いて眺めることすら後回しにするほか無かった。

余震をはじめ何があるか分からないため、自動車ではなく自転車で出勤したが、午前二時前のこの時間に大勢の住民が寝間着姿で道路に出ていた。つくづく非常事態であると感じたものだ。それからは、二四時間態勢の避難所へ交代で勤務しながら本来の担当業務（生活保護査察指導員）も果たさねばならず、時間や曜日の感覚が全く分からなくなった。自宅へ戻れば食事・睡眠など基本的な日常動作をする時間しかない。悩んだり病気をしたりする暇は無かった。

熊本地震発生から日を経ずして、渡邉悦子さんや平石仮設自治会長（当時）の天野淑子さんからお便りやお電話をいただいた。渡辺さんからは私個人への励まし（温かいお手紙と大量の手縫い雑巾等！）、天野さんからは「平石仮設内で義援金を集めたから送ります」というご連絡だった。浪江町の皆様方こそ大変な生活を続けていらっしゃるのに、こちらのご心配などとんでもないと思った。熊本は大地震だけだが、浜通りは大地震に大津波、原発事故にまで見舞われているのだ。私の自宅はメチャクチャとはいえ住み続けることができるし、身体はケガ一つしていない。大丈夫ですよ～と言いつつも、しかし、心が急に和んできたのを覚えている。

もったいないことだが、平石仮設住宅の皆様から過分な額の義援金と素晴らしい手芸作品が私のもとに届いた。お金の方は即日、市役所が設けた受入口座に全額入金させていただいた。手芸作品は、我が市の広報紙平成二八年六月号にカラーページで掲載させていただいた後、同僚やボランティア仲間、地元老人会の方々（すべて熊本地震の被災者）に差し上げた。手作りの袋物は可愛くて綺麗で仕上げが丁寧で、全員が本当に大喜びの大笑顔で受け取っていた。私自身ももちろん、お気に入りとして今も毎日使っている。

(5) 浜通りと熊本の復興を見届ける

熊本地震の後、寸暇を見つけてイネの苗床を作り、育苗期間（五～六月）に入った。しかし、私は仕事に出ずっぱりで水やり等がほとんどできず、多くの苗を枯らしてしまった。うるち米の苗は専業農家の方から応援をいただいたものの、もち米の苗は手配できず、この年の

荒木義行合志市長（右）とともに（写真提供高野和子氏）

コメ作りは惨憺たるものだった。それでも、秋にはどうにか新米を収穫し、気持ちだけでもと思って浪江町の方々（平石仮設住宅およびそこからの転居先が分かっている方々）にお送りした。併せて、アイガモ農法で栽培したコメ（玄米）を寄贈してくれた人がいたので、「私も少し食べてみたいけど」と羨みつつ（笑）、全て平石仮設住宅への贈り物にした。米どころ福島県の方々にとっては「何だこのくらい」と思われたかもしれないが、熊本の大地震にめげずに取り組んだことに免じてお許しいただければと勝手に思っている。

また、これも自分勝手な思い込みだが、浪江町の方々との御縁自体が、偶然と必然が重なった不思議なものである。母校のインターネットサイトを通じて知り合い、最初は神妙な気持ちで電話やメール、手紙等で連絡させていただいていたが、直接顔を合わせるようになってからは親しみを感じ、「福島県にいる親戚のようだ」と（これまた勝手に）思うようになった。そして安在先生については、私の学生時代にアルバイト先におられた御方で、大袈裟でなく雲の上の存在だ。しかし、いただいたお便りの中に「福島県」「二本松市」という地名を拝見した時「平石仮設のことをお知らせしよう！」と自分の分際も弁えずに差し出がましい返信をしてしまった。それ以来、平石仮設住宅や浪江町への訪問にお供させていただくようになった。御縁や絆の広がりに、自分でも驚きを禁じ得ない。また、天野淑子さんの次の自治会長になられた高野紀恵子さんには、お会いした当初から「同じ苗字の高野さん！」と言って高野同士の御縁を感じていた。皆様とは、地理的には遠く離れており普段ベタベタと付き合う訳ではないが、必要な時にはいつでもお役に立ちたいと考えている。

　熊本地震で私の家が震度「6」の揺れに襲われた時は、「浪江町の方々の大変さが少しは実感できたのではないか？」などと冷静に受け止め、かえって東日本大震災の惨禍のことを考えさせられた。皆様の平穏無事とご健康、お幸せを願わずにはいられない。

　月日が経つのは早い。しかし、復興はゆっくりだ。それでも、浜通りがだんだん回復しているのは間違いない。熊本でも、お城や住宅、道路や橋など、いまだに傷は癒えていないが、人々は着実に前に進んでいる。私自身、何の力も無い人間だが「浜通りと熊本のためにできることをやって、必ず復興を見届けるのだ」と心に決めている。

　親愛なる浪江町の皆様。これからも一緒に希望を持って歩いていきましょう。九州・熊本からいつも見守っています！

集会所での記念写真（2015年8月30日　写真提供高野和子氏）

Ⅲ　横田清子さんの手紙

①二〇一三（平成二五）年五月二三日

先日遠路おい出下さいまして有難うございました。ゆるキャラ日本一「くまモン」、タオル大切にしております。手にするたびに心優しい高野様を思ひ浮べております。新緑まぶしく輝くこの節、稲の苗床作りはお済みでしょうか、案じております。私も震災前迄は自分で責任を持って苗作りをして居りました。発芽はどう、温度はと心配したものでした。自分の子供を育てる様な気持ちになる物です。どうか無理なく、体に気をつけてお仕事なさってください。近くでしたら、仮設生活も二年すぎました、暇な時間は一ぱいありますのになあ、お手伝ひ出来たら嬉しのにね。

三・一一、私はあの時も種籾を水に浸す用意をしたり、苗箱の土入れをする等していた時でした。今は福島県浜通りはすべて放射能に汚染され昔の恵みの大地に戻るのにはどれ程の年月が必要、一〇年かそれとも二〇年先か、誰も答えはだせません。ほんとうに悲しいのです。こんな良き時代に原発難民となり、町があっても家があっても帰れない現実があります。今福島県は人口が大きく減り続けて居ますが、私は福島にしか住めないのです。今年もより添って応援して下さる皆さんがおります。私達は元気な福島を取り戻すため、決して屈しません。長い年月は掛かると思ひますが、きっと新しいふくしまに蘇えり、熊本へ恩返しがしたいと思っております。しっかりと頑張ります。

私のメッセージです。

赤ちゃんから老人まで、今福島に住んで居る人は、ふくしまの宝なんです。

六月は梅雨の季節となります。体に気をつけて下さい。

ありがとう御座居ました。

かしこ

②二〇一三（平成二五）年六月二二日

梅雨ま盛りです。おまけに台風迄来て大雨を降らせて居ります。九州地方は如何でしたか。大丈夫でしたでしょうか。雨の降らない東北の梅雨、同じ日本国なのに違いの大きい差に考へさせられます。今月の一九日でしたか、熊本で田植えの終えた田んぼにカルガモの赤ちゃんが放された所がテレビで放映されました！。あらっ、もしかしたら高野さんの所かしら、と興味を持ちました。

田植えの方はお済みでしょうか。すべて手作業と伺っておりました。私はばあちゃんにお米と云う字は米を作るには八十八回手を掛けるからなんだよ、と聞かされて育ちました。それが今は便利ばかり求め過ぎて東電事故の様にふくしまの人々は不幸のどん底迄落ちました。人を不幸にしない科学技術なんて可能なのでしょうか……私は今、ほんとうに考へて居ます。地方の私達は利用されるだけ利用されて、全くの棄民にされた事に強い怒りを感じています。

そして今高野さんが、手植え、アイガモの草取り、天日干しと、ほんとうに頭が下がる思ひで一ぱいです。それが昔からの安全な姿なのです。誰れもが分かって居るのですが、時代の求めに挑戦し物に左右され乍ら人は生き続けなければなりません。お勤めをなさり乍らの作業。体には十分気をつけて下さい。遠いふくしまから、言葉だけで応援手伝ひさせて頂きます。申し訳ございません。人間は人のため家族のため本気で汗を流さなくては、と亡夫が良く云った事を懐かしく思ひ出します。

この前クマモンが熊本の畳を被災者復興支援とイグサをアピールしていたのを新聞で観ました。皆んな一生懸命が嬉しいです。ふくしまとおつき合いを頂き、感謝しながらありがとうございます。一ぱい感謝し乍ら、今日はおわかれと致します。

またお便り致します。

かしこ

蛙の声聞かなくなってもう三年、農を忘れた人となりゆく。

化粧せぬ顔美しい。ほれた仕事美しい。人は素が力です。

横田清子

③二〇一三（平成二五）年八月二三日

残暑御見舞い申しあげます。

東北も遅れながら梅雨明けしてからは毎日暑い日が続き、狭い仮設暮らしも馴れ一応皆さん元気にしております。

高野さん七月七日に手植えを終えられたとの事、ご苦労様でした。それ以後の気象条件は如何でしたか。農業は自然相手のお仕事です。雨の方はどうでしたか。いろいろ稲に適したお天気でしたか。遠い地からとても心に掛けて居ります。でも九州は温暖な気候は間違いないと思ひますが、今年の各地に降る雨の降り方がとても気にか丶ります。

当二本松は大部分は五月中旬頃までに田植えは済ませます。五百川という早生種の稲刈りが八月二一日、県内トップを切って始まりましたが、この先まだ大変な事が一ぱい待ち受けて居ります。第一に放射能が基準以下であるか、厳しい検査を受けなくてはなりません。それをクリアして始めて出荷となります。福島は本来の自分の生活が取り戻せるのがいつになるのか、先が全く見えておりません。国からも見放された様な気さえ感じます。

人は苦難に遭った時、それを災難と嘆き悲しむか、受け止め方が大切だと思ひますが、今の私は田・畑も出来ず、故郷へも帰れず、人生のどん底だと思って居ます。どん底の下はありません。あとは上に這い上るだけです。そんな自棄くそな考へさえして居ます。膨大な遺産が自然も私達も消化しきれない程残されました。原発は何度考へても悲しい。これからのことを考へると、胸が張り裂けそうです。放射能に対する技術のなさが一番に来ます。科学者への不信感を、今根強く感じて居ります。限りない身のほど知らずの欲望なんて捨てることです。皆んな平等に平和な世の中である事を願ってやみません。
熊本の稲刈りは九月～一〇月頃かな、どうぞ体に気をつけてお働き下さい。ふくしまのキビタン（県の鳥キビタンなんです）が熊本で交流した時の写真です。仲良くしてね。宜敷しくね。

〝私は農婦　土さえあれば幸いなのに、することのない仮設の暮らし、この時間もったいないから、神棚へ〟
残暑の折、体に気をつけて
かしこ

④二〇一三（平成二五）年一二月六日

極月の候
東北はもう高い山は雪に覆われて、どちらかと云へば寒い日が多くなりました。私も変わらず元気に日々過して居ります。古里に帰ると云う目的があります。それまではしっかり生き様と心掛けて居ります。この度は大奮闘されました一年間、お疲れ様でした。高野様がお勤めかたはら、一生懸命大切に収穫されたお米、餅米、茶菓子、手芸用品とお送り頂きありがとう御座居ます。何かと忙しい年末、ほんとうに申し訳ない気持ちで一ぱいです。
私事に一寸生活の事態が変わりました。お知らせ遅れてごめん下さいね。私達ふくしまの浜通りも思う様放射線量が下がらず、中々除汚も進まず、古里にいつ帰れるか全く先が見えず、県民の焦りばかりが先になり、避難民の疲れも出始めて居るのが現状です。私の所でも県内に住む次男が隣町に家を建てましたので、私も仮設を出て一諸に住む様にと、一〇月に仮設を出て新しい場所に引越しました。今迄二年三ヶ月、地域の皆さんと仲良く仮設で暮らして来ました。高野様ともお知り合ひなりました。楽しい思ひ出も仮設には一ぱいあり、サヨナラするのはとても辛かったのですが、新しく前に進む事も大事と決めました。今想っただけでも、熊本から頂いた餅米での温かい赤飯を頬に当て、感謝して食べた事等走馬灯の様に頭に浮かんで参ります。ほんとうにありがとう。
私も本業は農業でしたし、高野様の仕事はよく理解できます。暇な時など近かったら熊本へ行って手伝ったら、なんて何度思った事でしょう。でも、農業ていいよね、自分で社長気分でやりたい様に出来るから。私もそうしてやりぬいてきました。人を頼らず、自分の手、体、汗で物を作る。誰が考へるでしょう。私は思うだけで高野様には頭が下がります。そして、その精神が尊く、感謝の一念で御座居ます。又この度、高野様より手紙に対するお褒めの言葉を頂き、恐縮致しております。すばらしい歴史切手を一ぱいありがとうございました。

早速町役場職員が若者二人で町の「止まった時間を動かす」と、除染に目ざめた事が新聞に載りました。そうだ、この人達に自分の思ひを伝ひて頑張ってもらおうと、お手紙を一ぱい書きました。少しでも若者に反応して頂ければと思ひます。自分達の住んで居た地域の事が忘れる事はできません。地域とは生きて居る物だけの物ではなく、そこで生れ生きて来た人達の大切な歴史なんです。動物も山、川、田、畑、森もそれを断ち切っての復興なんてありえない。都会の様な華やかさはないが、その地で豊かさと安全な暮らしは一ぱいありました。動き出したら前に進むのは今でしょう?

私も仮設を出ましたが、これからも私の良き友として良きアドバイザーとして宜敷くお願ひ致します。今年も残り少なくなりました。十分に体に気をつけて高野様にも来る年も幸が訪れます様、祈念させて頂きます。ありがとうございました。

⑤二〇一四(平成二六)年二月二三日

余寒の候、二月に入って二度の大雪に見舞われ、最悪の思ひです。雪、雪にうもれて身動きが取れません。浪江では考へられない事です。この度はふくしま復興あいの桑茶(茶カステラクッキー)を御送り頂きましてほんとうに有難う御座居ました。

思ひ起こせばなんとも不思議な縁を感じます。私も前は農家、米、養蚕が本業でした。桑の枝葉一枚にも愛情を注ぎ育て蚕に与へ、年間一〇〇〇キロの繭を生産して居りました。食糧難の時、桑の葉を食べた事はあります。昭和三〇年代、山を切り開いて畑を起し桑の木を植え、桑はとても成長が早いのです。でも平成になり新しく化学繊維が出てそれに押され、五年に私は蚕をやめました。桑と聞いただけでも懐かしさが甦って参りました。早速食して見ました。お茶カステラがとても良くマッチしておいしいおいしいだけでした。すっかり満足、ありがとうございました。

仮設の様子もとてもなつかしいです。三年間暮らした場所です。衣類、食糧品、野菜と全国の皆さんの御支援、そしてやさしい愛も一ぱい頂きました。そして私達は人間を取り戻した思ひの時期もありました。働きたい、動きたい。することのない仮設の暮し。この時間もったいないから神棚へ、なんて思う時期も有り、そして多くの皆さんとも知り合ひました。そして高野さんとも知り合い現在に至って居ります。

三年目だったと思ますが、いわき市の隣広野町の西本由美子さんと云う方のとてつもなく大きな夢とお仕事に私は賛同しました。それは津波で流され果てた町、町の六号線添えに二万本の桜を植えて三〇年後の故里に贈る、三〇年後の子供達へと広がる夢、つながる町、ハッピーロードネットです。私はこのプロジェクトに圧倒され、子供達へのメッセイジを添えてオーナー基金の募集に（一口一万円）入会しました。オーナーは基金会員証と番号を頂きます。各地から寄贈された銘木の子孫が、将来すばらしい花が咲き誇る事でしょう。品種は町によって異なります。私の場合は八重桜です。植えて頂く場所は大熊町です。オーナーは、桜の成長する様子、復興する町の姿は何度でも足を運ぶ事が出来ます。世の中何万人が居ようとも人と人がかかわらければ、ただの路傍の人と云う事もあります。生きたお金の使ひ道だと、とても満足した思ひでした。

私もまだまだ勉強不足で困ります。この度はお金を送りまして大変ご迷惑この上ありませんでした。御免下さいませ。別に悪く考へて居るわけではないのですよ。熊本の方でも何か良いイベントなんかあれば、是非参加できたらいいなーとの思ひです。高野様も九州から東北に寄り添い続けて居る姿に、私は頭が下がります。お写真入りでありがとう。大事にアルバムにはりますね。東北はまだまだ寒さが長い様です。どうしても浜通りが恋しいです。どうぞお体に気をつけて。

いろいろご配慮頂きまして有がとう御座居ました。

かしこ

仮設での写真入れます。私と友達の原田クニ子さん。

⑥二〇一四（平成二六）年一二月二日

新米を戴き旨さに手を合す。

今年も残り少なくなって参りました。早くお手紙をと思ひつゝ、遅くなってしまひました。気がつけばもう師走です。私達避難民にとってはあまり進歩もなく変りもない一年に感じて居ります。「豊葦原の瑞穂の国」とは、歴史の時間の始りに暗唱したものでした。今でも良く覚えて居ります。緑豊かで美しさの象徴であった我が国日本は、山の幸、海の幸に恵まれた良いお米の取れる国・日本と習いました。和子さんの田植えの姿、稲を刈る姿の頼もしい事、幸せそうな笑顔が写真から私離れません。本当に有難う。

平石仮設の方へも送られたとの事、渡邉悦子さんも喜んだ事でしょう。仮設に居た時すぐ前後で気がとても合ひ仲良くして頂いた方で忘れる事は出来ません。仮設では何か集りの時利用していろんな御飯を作ったりして皆さんで楽しみました。それが三春町の方へ越した私の所迄届けて頂き、有難く申し訳ない気持ちで一ぱいです。

私は絶対的な御飯党なんです。御飯を食べて居るから昔から健康体なんです。今、日本人が米から離れて米を食べなくなり、米価は下り、農家は困って居ます。日本人が米を食しないでどうするんですか。日本人には米、野菜、魚、肉、それで世界に誇れる日本人なんです。欧米型の食事をマネてはなりません。外国は日本にも良い事も一ぱいありますが、自国日本を忘れてはいけません。日本程平和で良い国はありません。

和子さん、今年も良くおつき合ひを頂き、心から頭を下げさせて頂きます。ありがとう。

お米の田んぼの移り変りを時おり見ては、私なりに楽しんだり感心したりと、私の心の支えです。大きな支えです。来年も良き年を迎へられます様に体に十分気をつけて共に頑張りましょう。

一寸腕を痛めて居り、お便り遅れました。

かしこ

⑦二〇一五（平成二七）年一〇月一九日

秋涼の候、木々の葉も少しずつ色づき秋の深まりを日々感じて居ります。

この度は、いつも懐かしいお便り有難う御座居ました。送り物の桑茶も嬉しくありがとう御座居ました。高野さんも大元気で農家のお仕事に精進している姿を想像するにつけ、私共は頭の下る思ひで一ぱいです。でも、あまり夢中になりすぎ体を悪くしない様気を付けて下さい。長い事生きて居ればいろいろな出来事にも合ひます。それでも私達は大真面目に生きなければなりません。それは国のため子供のためでもなく、生きる事が最も重大で大切だからです。

いつの時代でも歴史認識は大事な事です。今の福島を再生させる事は国の責務であると私は思ひます。時代の便利さばかり求め、原発事故を起した人間の愚かさ、ノーベル医学生理学賞を受賞した大村智教授に寄る研究を基に私達が考へると、自然界の土壌の微生物の高さを知れと、毎日放射能を分解する微生物を信じよと、声なきも私達はわらをもつかむ思ひの心境です。福島は今だに原発事故の苦境に立たされ続けて居ります。

貧困地帯のアフリカで、自然界から「イベルメクチン」土壌の微生物から薬の開発にこぎつけ貢献したという。そして年間三億人の命を救ったという。今常識ではとても考へもつきません。寄生虫「ブユ」は日本にも居りますが、夏場だけ朝夕に小さな「ゴマ」つぶ位の虫です。太陽が照ると草の中にもぐり込んで見えません。刺されるとかゆく一寸赤くなり腫れますが、すぐに直ります。それほど毒もありません。私達浜通り地区も土の中の微生物の力を借り、地力回復に力を注ぎたいです。土の一人言です。原発事故を引き起した人間の愚かさよ。放射能を毎日分解する土壌の微生物の高さを知れ、ときつくきつく叱って居るように思ひてなりません。これから先は、特にローカルの独自性が大切な様に思えてなりません。

今私達は地元の野菜を毎日安心して食べておりますが、原発はふくしまと広い世間ではまだまだ認められません。高野さんが心配して下さる様に、浜通りの復興は長丁場になる事は間違ひ有りません。町に戻れる様になっても、どれだけの町民が戻るか、浪江町の人口は二万二千でした。それが若い人達のきらう放射能なんです。これから先五年間は黙って戻る迄はかかると思ひます。世界にも例のないこれだけの事故でしたから、浜通りの人々は十分それは認識しなくてはなりません。待ちに待った古里も、帰って見なければ想像もつかない現実が待って居ることでしょう。

東北地方も盛岡まで雪が降った様です。だんだん福島の方へも近づく事でしょう。ふくしまも高い山は雪が雪が降りました。今は畑の仕事も済み、あまりする事もなく、頂いた布で袋物を作って居ります。出来上がった物を送ります。あまりきれいな出来ではありませんが、使って頂ければ幸です。

日に日に寒く成ります。十分体にお気をつけ下さい。いつもお便りありがとう。

りんご、おいしく成りました。お送り致します。

⑧二〇一五（平成二七）年一二月一二日

初霜……思わぬ朝の冷たさに冬の訪れを感じる日々です。

今年も何やかにやといいながらもあと一ケ月余で終ります。返り見ますれば、多分のご配慮の数々に厚くお礼申しあげます。有難うございます。私といえば自分の愚痴っぽい事ばかりで御めんください。首をすくめる思ひを致しております。避難生活も五年目です。今は時々古里の友達が訪ねて来てくれたり、又電話をくれたりで元気をもらっております。

私がおります三春町は地形的に放射能は比較的に少ない所です。一応帰町は29年春3月となって居ります。あと一年余りですが考へるととても待ち遠しい思ひです。私の所は今家族が三個所に別れて暮して居ります。いつの日か一つになる日を夢見て居ります。今だにふくしま一〇万人の人達が避難生活をしいられて居ります。そろそろ来年位にはスタートの言葉位耳にしたいと期待して居りますが、古里を追れ家を追われた時の惨めさにくらべたら、今は心持ちも大分楽になりました。

多くの人達の力強い善意に支えられ、避難の苦しみ悔しさを乗り越えてきた灯は、決して消すことなく、古里に戻っても燃し続ける思ひです。私達はもう決して負けません。古里復興再生にしっかりと知恵を絞り若者に好かれる大人となり、小さな力を大きく集めて手助けしたいと思って居ります。そして古里に新しい笑顔が沢山見れる様、そして大勢の支援して頂いた皆さんに報いる思ひでしっかりと生きて行きたいと思って居ります。

早々にお正月用お米を送って頂き、身に余る感謝の気持ちで一ぱいで御座居ます。ありがとう御座居ました。古里に一ぱいの笑顔が見れる、笑顔だから幸なのか、幸だから笑顔なのか、気持ちは同じです。そんな日の来る日を夢見て、心がリセット出来たら素晴らしいなあーなんて、つくづく思ったりして居ります。

寒くなりました。りんごのおいしい季節になりました。お送り致します。どうぞお楽しみ下さい。ふくしまは体によいりんごで結構健康なんです。

くれぐれも体にお気をつけお過ごし下さい。今年も一ぱい一ぱい良きお便りありがとう‼どうぞ良いお年をね‼

清子

⑨二〇一六（平成二八）年八月二日

仲夏の候、すっかりご無沙汰致しております。全国暑い暑いと騒がしいですが、東北地方は梅雨だというのに、雨らしい雨も降らず、梅雨明け間近の様です。お変わりありませんか。時折安じて居ります。

私達ふくしま避難民にも、ようやく先が見えて来ました。長かったです。苦しかったです。悔しかったです。今迄に経験した事のない狭い部屋での馴れない生活、あの忌まわしい東日本大震災の痛みは、今も色濃く記憶に焼き付いて居ります。割烹着にツッカケを履き着のみ着のまま家を飛び出して早五年がたちました。そして、全国の皆さんの温かい励し御支援に依り生きて参りました。

私達東北も放射能のない宮城、岩手県は震災から五年、復興の跡も少しづゝ見えております。そして福島も、お隣の町迄避難解除になりようやく復興への歩みが見えて参りました。何よりも心に深く残るのは、避難先での馴れない生活に体がついて行けずに亡くなられた皆さんを忘れてはなりません。命に悪い命善い命なんてありません。人は世に送り出された時から、定命まで生きるはずの命です。

忘れもしない熊本、大分の被害も納まらない中、バングラデシュでの日本人七人の尊い命が奪われました。又障害施設入所者一九人死亡と痛ましい事件です。どんな宗教にしろ、人を殺せと命じる宗教などありません。あるとすれば、それは邪教です。私達は親から仏教から悪い事をすればひどい目に合う、善い事をすれば報われると教えられて来ました。何が善くて何が悪いのか、その基準さへ時代と共に変化している様に思ひてなりません。悲しいです。

いつの時代も平和でやさしい国を望みたいです。私達も避難生活六年目、光が、先が見えてきました。浪江町も秋の彼岸に合せて九月一日から特別宿泊を実施する様です。全町民が対象です。知らない地・町での生活、親しく話す相手など簡単に見つかりませんでした。でも、ようやく避難生活もピークは超えました。頑張りました。たゞ帰町が待ち遠しい日々です。除染、インフラ、復旧生活基盤整備、モニタリング態勢など、二転三転して中々答えが見えない所もありますが人が住まなくては何も始まりません。汽車も端的ですが動き出しました。古里も元通りになる迄は避難生活に費やした日数と時間は掛ると思ひます。今だに家族分散と避難の長期化が町民の大きな負担となって居るのも事実です。

これだけでも私達には大きな前進と嬉しく思っております。本当に力を頂きました。楽しさも慰めもしっかり頂きました。仮設生活を始めて渡邉悦子さんを通して知り合い、いい良き友は生涯の宝となりました。大きく大きくありがとう。今の私の素直な気持ちです。

乱文にてごめん

⑩二〇一七（平成二九）年一月二六日

前略

一月一九日、政府が浪江三月三一日避難解除方針と、大きな見出し発表です。私は自分の胸に手を当て、長かったです、悔しかったです、といいました。大きな国策の過ち、原発の置き土産放射能に泣かされ続けた6年、避難生活6年、天井のない塀のない牢に入る様に感じていたのは私だけでしょうか。

誰も置き去りしない町民皆んなで帰りたい。今私は元気で食べて呑んで健康で生きて居ます。避難生活の長かった6年、別に怒りもせず乱れもせず歩んできた県民性を、私はとても愛しく想ひます。そして素晴らしいの一言に尽きます。有情活理という言葉がありますが、理が正しくて情がなくては人は動かずといいます。どうぞ、元気になるふくしまに暖かい手を、言葉を貸して下さい。私達が避難して居る自体、とても大変な事なんです。

長期にわたり営んできた自分の生業が出来ない。とても重大な事です。それが六年という月・日、仕事をしない、出来ない、何とも退屈この上なく、人間を忘れたのか、自分にいい聞かせている現状を、誰が認めるのでしょう。そして理解してくれるでしょうか。お金のため体を楽させ居られるのだから、どこから聞える影の声、もううんざりです。今は耐える時、この闇が明けたらどんなに楽な事か、思うだけでも嬉しいし、人間いくつになっても年齢に合った生き方が出来、生涯現役、これからはそんな生き方が出来たらお似合いかもね。

安倍総理も足を運びふくしまの食材をおいしそうに頬張り食べる姿に、とても親しみと許しを感じるから不思議です。私達は浜通りも大震災に見舞われたが、放射能問題がなければ復興はとうに遂げていたはずです。あれから六年、ようやく見えた古里です。帰還です。過去は作れないが未来は作れます。私達一人一人は微力ですが、古里を想う心すべてが力です。少し暖かくなったら、きっと風が私達を迎へに来るはずです。心して待ちます。

余雪と寒さで動きとれません
ハガキ写真、熊本城と思ひます。心を痛めております。
とても大切な友へ

⑪二〇一七（平成二九）年三月一六日

弥生三月です。寒い東北にもようやく暖かい春の訪れを感じるこの頃です。

すっかりご無沙汰して居ります。いかがお過ごしでしょうか。高野さんの多方面にわたりお忙しい日々ではなど想像しながらペンを走らせております。

私達ふくしまの避難生活もようやくさようならの時が参りました。春の陽ざしと共にやって来た嬉しい知らせに胸のときめきを思わせるこの気分、ほんとうに誰れもが待って居ました。三月三一日国が「浪江町帰還困難地域をのぞき解除する」の知らせ。もう六年です。長かったです。悔しかったです。一度は消えてなくなった町、地域です。

これから又新しい出発です。六年間も無人化した町と近くの地域です。考へただけでも気が重くなりすっかり希望、気力、人格、そしてあのいまわしい震災と放射能に振り回され続けた六年でした。

今静かに心に思う時、もう放射能に振り回される事だけは終りました。今から先放射能による犠牲的精神の様な物はどのような評価があったのか、考えたことが有ります。過去は戻せないが未来は作れる、の言葉を今とても大切に思う時があります。福島といったら原発事故に放射能。私達には一番いやな言葉でした。そして悪評。全国二位誇る福島県浜通り地区は被害は確かですが、中通り地区・会津地区は全く被害はなくとも、福島全体に広がりました辛く悲しい思ひです。これが現実と泣きたい思ひです。そして今六年振り、嬉しい古里帰還です。今更あわてず新しい物への感覚の芽をもち、子供は子供なりに、大人は大人なりに、老人は老人なりにとやさしい町作りに参加して進められたら、避難先での皆さんにも恩返しになれたらと思ひます。

全国的に広まった原発事故の払拭は容易ではありません。でも私達県民は呑んで食べて生きています。心ない発言を耳にする時キュンと胸の痛みを感じます。でも私達は自信を持って一歩の扉を開きます。長いこと一ぱい一ぱい心に掛けて頂き生涯忘れることなく生きていきます。高野さん、ほんとうにありがとうございました。四月中には浪江に戻りたく思ひます。〝故郷は遠きにありて思うもの〟かもね。まだ寒いです。体を大切に。

かしこ

⑫二〇一七（平成二九）年一〇月三日

秋冷の候

吹く風もさわやか、ちょっぴり涼しさを感じるこの節、今私は浪江に戻り五ヶ月が立ちました。いつ迄も避難民をして居る自分がとても許せなく、いい聞かせていた言葉が自分の足で立ちなさい、自分の体で動き進みなさい。未だ家族もバラバラですので長い事住み慣れた我が屋がとてもいとおしく思ひたからです。そしてようやく生活できる迄にこぎ着きました。七年もほったらかしの我が家です。そして今、静かな安堵感に浸って居ります。

我が屋の再興を願ひつゝ、第一歩なんて大げさ過ぎますが、あの大地震、原発事故、津波を思う時、良くぞ耐えたねと、自分を励ましたりほめたりしては何とか生活らしい暮らしに満足。そして一部をリホームしたり、スロス壁の張りかへなど、とてもしんどい時もありましたが、それも自分の頑張りでなんとかクリア出来ました。中通りから浜通りへ一一四号線の全面開通にも、帰還の足が一歩又一歩と伸びる事でしょう。

高野さんより受贈のもち米で作ったおもちで正月行事（だんごさし）に励む横田清子さん（写真提供渡邉悦子氏）

今古里浪江は人が減り町の人々の生活もまばらです。あのおだやかな平和な町並み、そして人々の暮らしはどこへ行ってしまったのか。見える物は荒れ過ぎた田、畑、そして汚染物の黒い袋の山。私は思ひます。大人であれ子供であれ老人であれ、古里に立って思う心は「又一から始めるか」。一寸控えめな考へでも、物事は始めればいろいろアイデアや工夫がついて生まれるものです。私は聞こえます。帰還する人達の足音が遠くから近くなることを……。

追伸

この度は格別な御配慮を頂き恐縮致しております。厚くありがとうございました。今や世はテレビの時代、顔と話が一緒が当たり前、どうやら見逃す事は出来ない様な感じでおります。

いつも頭の隅に高野さんのお手紙。気が付けば嬉しさ、そしてなつかしく胸にしっかりと抱きしめて居りました。

⑬二〇一七（平成二九）年（一一月中旬）

＊日付欠・消印不明　高野さんの記憶する受信月

朝夕の寒暖の差が少しづゝ感じられ晴れた日の風の涼

しさが身に感じ、すっかり秋だなあーなんて廻りを見ると、いちょうの黄色い葉が風に乗り積る所に一ぱい集って居るし、又さざんかの花びらも一ひら二ひらと風に乗り舞ひ散るさまが少し寂しくも想う日々です。

この度は先日の送り物へのお礼もまだなのに、新米でしょうか届きました。一ぱいお送り頂きありがとう御座居ます。そして私達東北人には珍しい品々を沢山頂きました。誠にうれしくありがとう御座居ました。と同時に高野さんの南国の熱い善意がいつも私の心をビビッとさせてくれます。誰にもマネの出来ないあなたの心が私をいつも支へ励まして居ります。一ぱいの送り物ありがとう御座居ます。誠に恐縮致しております。

避難解除になっても人々は戻らず、町も地域も寂しさがそこここに感じて居ります。そして風評被害の苦しみと放射能原発事故への心ない偏見に、未だに苦しみ続ける浪江町、今しっかりと現実を知る大切さ、そして受け止める大切さを常に感じて居ります。先日初めて本県を訪れたベラルーシの大学生は、チエルノブイリの原発事故は既に歴史の一コマ、被災地以外の人達はもう関心はない事を明らかにしました。ふくしまの人達もあと少しの頑張りだよと話して居りました。少し嬉しく思ひましたが……。

今迄の浪江町は見渡す限り広い田畑は青草で一ぱいでしたが、今はきれいに刈り取られ静かに年を終えようとしています。もう震災から七年です。私達も誰れも他人事ではないのです。自分がしっかりと自分の足で立ち進む時が来ました。我が古里をさておき、別の町で私は浪江町民ですなんて人も大勢居り、仲々古里が人の心に入る事のむつかしさを感じる日々をどう解決できるのか、私はひとり心を痛める時をどうしようもなく空しく悲しく思ひます。

七年間の空白をうめるのはそう簡単ではない様です。でも今迄歩んで来た七年間を、個々でしっかり消化出来れば必ず古里の町は戻れる事をしっかり感じています。

〝小さな一歩から始めるか!〟ありがとう。もう今年も残り少なくなりました。でも　お元気でネ。

第二部　追憶の人・原発への思念

I

反原発運動に奔走した浪江の人・故大和田秀文氏を偲ぶ

その手記と新聞報道

故 大和田秀文氏（写真提供北奥広子氏）

原発設置計画当初からその危険性を訴え、以後変わることなく一貫して反原発運動に身を投じてきた方が浪江町におられた。大和田秀文氏である。大和田氏は公立の中学教師として長い間教育界で尽力し、1987年3月定年退職した。生徒に慕われる人望厚い教師であったことは、原発事故後会津在住の教え子がいち早く住まいを見つけるために奔走し、大和田氏を迎えたという事実からもうかがえる。原発事故後の心労に加え生活環境の変容も重なり、一時体調を崩された奥様のこともあって、2013年いわき市へ再転居された。しかし生活再建第一歩を踏み出して間もない、2016年急逝された。原発設置問題～事故に翻弄された晩年であり、その犠牲になったご他界である。

　2011年NHKが企画・放映した「日本人は何を考えてきたか」で俳優の菅原文太氏と知り合い、以後親交を深めて気持ちも新たに反原発運動に邁進されていただけに、大和田氏のご逝去を悲しむ声は多い。後述の「苅《かり》宿《やど》仲《なか》衛《え》研究」のご縁でご厚誼・ご教示を得てきた編者も同じ思いである。大和田氏の足跡を偲び、同氏から頂いていた手記（1）、同氏の活動を紹介した新聞報道記事（2）を、それぞれ掲載する。

［略歴］

1952年3月　双葉高校卒業
1956年3月　法政大学経済学部卒業
1956年4月　喜多方第一中学校勤務
　以後　奥川中・富岡第一中・浪江中
　葛尾中・楢葉中・大熊中歴任
1987年3月　退職（54歳）
2011年3月　東電福島第一原発事故に遭い
　会津へ自主避難。
2013年　いわき市へ転居
2016年　死亡（83歳）

1 手記「日本の原発の歩みと事故後の問題点」

大和田秀文

（1）原発の歩み

1953（昭和28）米大統領アイゼンハワー、原子力平和利用提案。堤康次郎（衆議院議長・西武社長）大熊町に所有の土地100万坪、木村県知事の仲介で東京電力と売買契約。

1954（昭和29）原子力予算を国会可決。

1955（昭和30）日米原子力協定締結。原子力基本法公布。

1956（昭和31）原子力委員会（正力）、原研発足。原子力利用長期計画。

1957（昭和32）イギリスのコールダーホール型輸入（原研）。

1958（昭和33）原子力一般協定、米英と調印。

1959（昭和34）原研、国産1号炉起工、アメリカG

Eと契約。

1960（昭和35）原委、米国の軽水炉（PNR）の方針。東京電力、福島県に原発立地決定。福島県は、大熊、双葉町が原発適地と確認。

1961（昭和36）大熊、双葉町議会が原発誘致の陳情。東電は両地を適地と決定。国は原子力損害賠償法を制定（一事業所500億円。現在は1200億円）。

1963（昭和37）全国総合開発計画閣議決定。

1963（昭和38）福島第一原発決定。双葉郡町村議員大会、早期実現要望。郡山・いわき市新産業都市指定。

1964（昭和39）原発審査指針決定（1961年、アメリカの指針が厳しいので内容をごまかしたものになる）。

（2）「原発の歩み」に見られる問題点

第1は1961年、原子力損害賠償法の制定です。原発がまだつくられていないのに、賠償法が必要であったのか。それは基本的に原発は危険である、民間企業（電力）は事故の賠償を恐れて算入しないと困る、国策としての原発なのだから、原発一事業所当たり500億円の保険に加入すれば、それ以上の賠償は国が責任を持つ、という法律なのです。

この様に原発は、はじめから危険なものであると云うことと、電力会社は国が保護すると云うことで始められたのです（現在は1200億円の保険）。

第2は、原発の審査指針（1964年）、これは立地指針とも云われるもので、内容は、原発を建設する場所（立地）には大きく3つの条件がある（元は、1961年、アメリカの指針を参考）。

①原子炉からある距離の範囲は非居住地域とする。
②非居住区域の外側のある距離は低人口地帯であること。
③原子炉敷地は、人口密集地帯からある距離だけ離れていること。

これで何を判断するのでしょうか。アメリカの指針には、メートルと人数が記入されています。日本の指針は謎のような文章ですが、事故後つくられた原子力規制委員会は、この文章を改正する必要はないと、現在でもそのまま生きている大切な法律なのです。結局、まとめてみると、「原子力発電所は危険だから、人口の少ない所でなければ許可しない」と云う事です。

第3に、原子力発電所は犠牲を強制する産業である。

①立地条件から、大都市の人々は守られるけれど、過疎地の農漁林の人々なら、事故のとき犠牲になってもしかたがない、今回その通りになったから原子力規制委員会は、この方針を改正する必要はないとしたのです。

②原発は、平常運転であっても、一度運転をした原発は放射能で汚染されてしまうのです。原発は事故がなくても毎年定期検査をしなければなりませんから、下請け労働者は被曝労働をしなければなりません。ましてや事故の時などは高汚染の所にも近づかなければならず、ほとんど人海戦術で行われて、被曝限界を超えれば使い捨てられているのです。

③ウラン鉱山から廃棄物処理まで、いたる所で放射能汚染で苦しむ人が多数いるのです。

(3)「事故」後の問題点

順不同ですが、問題点を列挙してみます。

〈1〉東電は想定外、免責規定をなぜ主張しなくなったか。

○原子力賠償機構が定められ、全国の電力会社が資金を出し合って賠償金の支払いをする。

○東電以外は加害者責任がないのに何故賠償金の支払いをするのか、それは、資金の調達を電気料金に上乗せする事に政府が決めたからです。

○結局、今回の原発事故の賠償は全国民から電気料金で支払うことになったのです。

○加害責任のある東電は、ごく一部分しか支払っていないのです。大部分（5兆円）は国からの借金で払い、今後電気料金の上のせで返金すれば良いのです。

○想定外については、津波対策を5・7メートルから10メートル以上に変更が必要な事を知り（平成20

年）ながら、その対策を怠っていたことがバレたからです。

〈2〉民主党内閣（特に菅総理）の法律違反行為は独裁政治そのものです（それを今安倍内閣が利用している。〈集団安保解釈改正〉）。

四つの法律違反
①浜岡原発に対し停止要請。
②東京電力の取り引き金融機関に一部債権放棄を求めた。
③規制委員会が突然ストレステストを追加した。
④加害責任のない他の電力会社が賠償金を支払う。
国民感情としては「良い事だから」いいではないか、となると、政府、内閣、首相は独裁者になりかねない。日本国は、あくまでも「法治国家」、「立憲国家」なのであるから、法律違反は許されないのです。国民の世論に流され、マスコミが付和雷同してしまったら、戦時中と同じ大本営発表を流す事になっていくのではないかと心配です。

今の安倍内閣は、それを利用（悪用）して、秘密保護法、集団安全法の制定へ向かっています。憲法解釈まで独断となるなどファシズムと変わらない事態になって来ました。日本は法治国家なのです。故に総理大臣こそ法律は守らなければならないのです。

〈3〉原発には地域差別がまかり通っている。
①立地町―原発を立地している町は何事にも優遇されており、権限もある。
②隣接地―立地町に隣接されていても権限はなく、利益は少ない。
③周辺町―優遇はなく被害だけ。
原発の立地町は原子力協定を結ぶ事が出来るので、ある程度の権限をもつ事と、交付金、補助金、税収、寄付金等莫大な利益があるが、隣接町や周辺町ではほとんど増収はない。事故の被害となると、この3区分は全く関係なく、風下になれば100㎞、200㎞で被害を受けるのは同じである。全く不公平な決め方である。
④30㎞圏内問題―これも「原子力防災計画」だけが義務付けられ、権限は何一つ認められていない。
〈4〉被災地（避災地）の分断
国（政府）は被災者を差別しないという条件で、11市町村は国の3分割政策を受け入れたのだが、国は約束を破り金銭（賠償金）で被災者を分断してしまった。

〈5〉国が避難解除をすると、1年以内で補償金が打ち切られる事になる。国の定めている放射能汚染量は20マイクロシーベルト以下（1時間）ならば帰還勧告となる。20は年間にすると15ミリシーベルトとなり、日本国民の平均1シーベルトの15倍となれば、住民は考えざるを得ない。政府は、1ミリシーベルトは長期目標だから今すぐでなくても良い、当分我慢しなさいという。それでは困るのです。

〈6〉帰還を諦め移住を覚悟すると、先ほどの3区分の問題があって、移住の1／3の補償金が出る人と出ない人に差別される。

〈7〉過失相殺もあってよいのではないか。

原発賛成、積極的誘致、交付金、就労、もろもろの利益を得た者や町は賠償金を減額しても良いのではないか。それを反対した者や利益のなかった人に回すべきでないか。

〈8〉中間貯蔵施設（汚染廃棄物）を認めるか否か。

双葉町・大熊町に、国は結局交付金を出すから認めてくれ、となりました。両町には、原発の交付金がなくなったから、新たな交付金を出そうというのです。これ如何に。

〈9〉原発賠償のしくみは全く不合理なのです。被害者が立証責任を負わされ、加害者が価額を決定するのです。

〈10〉賠償法には、「巨大な天災地変が原因で原発事故が起こった場合は事業者の責任は免除する」とありますが、これで良いのでしょうか。日本は地震国で過去に何回も大地震に破壊されて来た事は考古学の時代まで明らかです。島国ですから津波の災害も明らかです。そこに原発をつくる事が初めから無理なのですから、これからも当然事故は予想されます。免責規定はなくすべきだと思うのです。

〈11〉今後、外国からの賠償請求に耐えられるか。

「原子力損害の補完的補償に関する条約」（ＣＳＣ）に、政府も年内に加入するようですが、こういう条約が三つあるのに日本政府は入っていなかった。理由は安全神話で事故は起きないと考えていたからです。

然し、事故は起きました。レベル7は、貿易、航空、船舶、漁業、その他どんな賠償請求が来るかわかりません。それが裁判となると条約に入っていなかった為、日本には裁判権がないので起訴された外国の裁判所の判断になってしまうのです。日本とは桁違いの賠償額がアメリカの裁判所ではよく出されていますから、それが心配です。

政府は今年末までに加入する予定のようですが、今回の事故には手遅れです。どうなることやら？

〈12〉原発事故の是非について。（この事項の記述欠―注編者）

〈13〉原発海外輸出について。

三菱重工はアメリカの原発に部品を輸出したのですが不良品な為原発を廃炉にした責任を問われ、賠償請求されています。裁判の結果はどうなるのか。日本では製造責任（東芝、日立、三菱）は免責なのですが、外国は違います。

2　新聞報道

〝岐路から未来へ　民権運動を中心に〟

―庭荒れ、止まらぬアラーム　求め続ける［安全］―

（二〇一四年五月二六日付『京都新聞』より転載。
写真一部割愛）

黄色い芝生が広がっていた。敷き砂を覆い、枯れ山水の池をも埋める。赤枯れたマツ、折れた月桂《げっけい》樹……。東京電力福島第1原発から約8キロ、福島県浪江町川添地区。元中学教師の大和田秀文（81）の自宅は居住制限地域にある。庭はかつて植木職人が見に来るほどだったが、無惨な姿をさらしていた。

「がっかりだよ。一時帰宅するたび、情けなくなる」。表情は晴れない。「今の時期、本当は青々としているんだ。もう見たくねぇな」

40年以上、反原発運動に関わってきた。だが、爆発で噴き上げられた放射性物質は、賛成も反対も関わりなく降り注いだ。大和田の自宅の放射線量は、いまだに庭の表面で毎時8マイクロシーベルトに上がる。単純換算すると年間では約は70ミリ、一般人の許容被ばく線量の70倍に当たる。

▽原点

事故後、大和田は妻とともに福島県喜多方市に避難した。喜多方は原点ともいえる町だ。大学卒業後の195

6年、中学の社会科教師として赴任。その年、市内の書店で偶然「第三の火━原子力」（中村誠太郎著）という本を手にする。原子力の仕組みや明るい未来を解説しつつ、原発から出る放射性物質の抑え込みに「完全を期するのは困難である」、放射線障害について「どのような偉い学者も絶対にこのような恐れがないと断言することはできない」と述べていた。衝撃だった。

大和田は60年、福島県浜通り地方にある富岡町の中学に転任。以来、故郷の浪江町に住み、54歳で退職するまで浪江町や楢葉町、大熊町で教えた。浜通りには原発が次々に建った。電力各社は国策に従い、日本の経済発展を支えるべく原発の立地を求め、経済成長から取り残されていた浜通りの町が応じたからだ。原発マネーで競うように立派な公共施設ができた。農家は出稼ぎから解放され、原発関連企業で働き始める。地域は豊かになった。誰もがそう思った。

▽底流

街のざわつきをよそに、大和田は反原発運動にのめり込む。原発を学ぶにつれ、それが犠牲の上に成り立っているという確信が深まった。東電とは別に、東北電力が68年、浪江町と小高町（現南相馬市）にまたがる浪江・小高原発計画を発表する。大和田は地権者と連携し、集落をまわった。手にあったのはいつも「第三の火」。退職後も農業をしながら、反原発団体の代表として危険性を訴える。浪江・小高は「計画」のまま時が過ぎた。

原発で事故やトラブルが起きれば、安全対策の強化を求めた。福島第2原発の設置許可取り消し訴訟には原告として参加。安全対策をめぐる東電との交渉は毎月のように開かれ、10年ほど前からは津波対策もテーマになったという。「建屋の扉を二重にした方がいい」と求めたが「大丈夫です」。「非常用ディーゼル発電機を地下から2階にあげなくては危ない」と指摘しても、「2階にはスペースがありません」。金のかかる対策は後回しにされた。「それが事故を招いた」と思う。

大和田を突き動かしてきたものは何か。

明治時代、福島県は高知県と並ぶ自由民権の地だった。闘士の一人に浪江町の苅宿仲衛（1854━1907）がいる。大和田は末裔《まつえい》だ。苅宿は自由党に参加、遊説委員として自由や民権の思想を説いた。3回逮捕され、激しい拷問を受ける。それでも後に県会議員となり、地域の発展に尽くした。最初の逮捕は1882年、道路建設の労役を課せられた農家と、支援した自由党員が蜂起した福島喜多方事件。逮捕直前、苅宿は警官を待たせて書を残した。「自由や自由や、我なんじと死せん」。

▽信念

「信念を貫いた先祖がいたという事実はおれを勇気づけた。負けずに反原発をやろうと。おれにとっての民権運動は反原発だった」。

　原子力委員会が1964年に策定した「原子炉立地審査指針」は次のように定める。

①原子炉からある距離の範囲は非居住区域、
②非居住区域の外側は低人口地帯、
③原子炉敷地は人口密集地帯からある距離を離す―。

　大和田は「都市と過疎地との差別だ。危険だからこそ過疎地に原発を造る」と憤る。被ばく労働で健康不安にさいなまれる町民を何人も目にしてきた。「原発マネーでは地域は豊かになれない。原発は誰かを犠牲にしないと成り立たない、人権を無視した産業だ」。事故から3年が過ぎても、13万人以上が故郷を離れ、避難生活を送る。大和田は昨年暮れ、福島県いわき市に移った。

　久しぶりに戻った浪江町の自宅はかび臭い。「情けねぇな」とつぶやきながら、ネズミ駆除剤をまいた。事故から4回目の春。ウグイスの鳴き声が聞こえる。線量のアラーム音がやまない。（敬称略、文・平野雄吾、写真・堀誠、グラヒックス・鈴木純）

誠実さ

「まさか自分が原発事故で自宅を追われるとは思わなかった。交通事故で何人も亡くなるのに、自分は遭わないと思うのと同じだな」。立派な庭園を造った理由を尋ねると、大和田は答えた。「人間の浅ましさだよ。自分は大丈夫と思ってしまうんだ」。熱い信念や真っすぐな人柄に引かれた。

　政府は今年4月、原発再稼働を明記したエネルギー基本計画を策定した。海外への原発輸出ももくろむ。一方、全国各地で毎週のように原発反対を訴えるデモや集会が開かれるようになった。大和田が種をまいた〝現代の自由民権運動〟の芽は花を咲かせるだろうか。

晩年の苅宿仲衛
（大和田秀文氏提供）

庭に飾ってあったツルの置物を持つ大和田秀文。自慢の庭も草が伸び放題になり高放射線量が計測されていた＝いずれも福島県浪江町

【大和田秀文と原発の歩み】

1874　⊿板垣退助らの「民撰議院設立建白書」。自由民権運動始まる。
82　⊿福島喜多方事件。苅宿仲衛が逮捕される。
1956　⊿大和田秀文、喜多方市の中学に赴任。
60　⊿福島県が原発立地調査、大熊、双葉両町が適地と確認。
61　⊿大和田、富岡第一中に赴任。
64　⊿原子力委員会が原子炉立地審査指針を決定。
68　⊿福島県が東電福島第2原発の誘致を発表。
⊿東北電力が浪江町に原子炉建設計画を発表。
71　⊿東電福島第1原発、営業運転を開始。
75　⊿大和田ら住民が福島第2原発の設置許可取り消しを求め提訴。
92　⊿福島第2原発訴訟、最高裁で住民側敗訴。
2011　3／11　⊿福島第1原発事故（敬称略）

＊ここに収めた記事は、『京都新聞』のものであるが、共同通信社が配信したものである。「見出し」は新聞社によって異なるが、本文と同じ記事が次の

新聞に掲載されている。

『福島民報』（5月17日）―「民権運動中心に、求め続ける『安全』」

『中国新聞』（5月17日）―「民権運動を中心に、闘士の祖先導く反原発、『人権無視の産業』福島で信念貫く」

『デーリー東北』（5月17日）―「反原発、民権運動を中心に、求め続ける『安全』」

『高知新聞』（5月24日）―「反原発40年、安全求めて『民権運動』」

『山形新聞』（5月26日）―「反原発運動40年の避難者、犠牲生む仕組みに怒り」

『熊本日日新聞』（5月28日夕刊）―「民権運動を中心に・自由党闘士の末裔、福島で反原発訴え40年」

『神奈川新聞』（6月2日）―「反原発訴え40年、庭荒れ失望怒り交錯」

『山陽新聞』（6月2日、夕刊）―「訴え続けた原発の危険性、民権運動精神を中心に」

『岐阜新聞』（6月2日）―「40年超、問い続けた安全、反原発は現代の自由民権運動」

『愛媛新聞』（6月3日）―「福島・反原発の元教師　おれの自由民権運動」（掲載記事は故大和田秀文氏より生前編者が受贈）

II　原発事故被災・避難者との交流を通して原発問題を考える

二本松市・浪江町（福島県）と合志市（熊本県）を結ぶ奇縁に触れて

安在邦夫

1　浪江町との出会い

わたくしは三重県で生まれ（一九三九年）、その後福島に転居、小学校から高等学校までの一二年間を二本松市下川崎（当時安達郡下川崎村）で過ごした。したがって福島県は、わたくしにとって第二の故郷ともいうべき懐かしいところである。多感な時期を過ごした前掲村での思い出はもちろん多々あるが、福島県において忘れ得ない地がほかにもある。その一つが浪江町である。その主な理由は三つある。第一は、わたくしが関心を寄せてきた福島自由民権運動史において、きわめて重要な役割を果たした人物・苅宿仲衛を輩出したところ、ということである。

苅宿の旧宅は、大地震にも耐え現在も元のままで残っている。自由民権運動とは、わが国を立憲主義に基づく西欧先進国並みの近代国家（憲法を持ち、国会を開いて民意に基づいた国政を行い、国民の諸権利を守る国の政治・社会秩序が整っている国）にしようとした政治運動をいう。明治一〇年代、同運動は北は北海道から南は沖縄まで広く全国的規模で起こっているが、福島県は西の高知とならび運動の拠点となった。浪江町の苅宿はまさにそのリーダーの一人であったのである。

第二は、前掲苅宿の調査・研究のためたびたび訪れる中で、前章で触れた大和田氏や後述の渡辺博之氏と知り合ったことである。もう四〇年前のことになる。大和田さんは苅宿家の血を引き、苅宿の生家の維持・管理と関係資料の保存に尽くされてきた方で、以後ご厚誼を得てなにかとご示教を頂いてきた。忘れ得ない想い出としていまも鮮明に記憶していることは、一九九四（平成六）年、NHKのテレビ「立憲政治の歩み―福島・喜多方事件と苅宿仲衛」（高校通信講座「歴史で見る日本」）でのロケを苅宿旧宅で行った際、再現フィルム作成の折、大和田さんに苅宿役を演じて頂いたことである。残念ながら編集の段階でカットされてしまったが、実にプロの役者顔負けの見事な演技であった。氏が原発事故に翻弄され昨年急逝されたことは前章で記したが、ロケの折河野広中役を演じて頂いた渡辺博之氏も避難先を転々とし、やっと福島市に落ち着いた矢先の二〇一三（平成二五）年急逝された（享年八四歳）。実に残念なことで、わたくしの悲しみは消えることはない。

第三は、自然景観がすばらしく、かつ海の幸・山の幸など自然の幸に恵まれたところであることである。かつて浪江町に原発設置計画が示された時、この自然の景観と幸を守るために反対運動が起こり、その計画を阻止した歴史をもっている。したがって町民の入れない、いわゆる〝立ち入り禁止区域〟が町の中に設けられることはなく、町民はいつでもどこでも自然の恵みを満喫し、心身とも豊かな生活を送っていた。換言すれば、町民は自然の美と幸をなによりも大切にし、それを破壊しかねない原発設置に〝NO〟の意志を突きつけ貫き通してきた。〝交付金〟や〝安全神話〟に惑わされることなく、文字通りの〝安心〟〝安全〟を最優先に考えてきた町の歴史と町民の心に、わたくしは強く魅せられてきたのである。

この浪江町に、わたくしは東日本大震災が起きた二〇一一年三月末訪れる予定にしていた。すなわち同時期、現憲法の起草に大きな関わりをもった憲法学者鈴木安蔵の生誕地小高町（現南相馬市）を訪れることにしており、帰途浪江に寄らせて頂くことにしていたのである。しかし、周知のように同月一一日午後二時四六分、未曾有の東日本大震災が起こり、その計画は果たせなくなった。山手線・高田馬場駅で地震に遭ったわたくしは、余りの揺れに震源地は関東と思い込み、とっさに第二の関東大震災の生起と判断した。震源地が三陸沖で、岩手・宮城・福島三県の太平洋沿岸が、津波の被害も併せ大惨事に至っていることを知ったのは、高田馬場から自宅まで一二時間近くを費やし歩いて帰宅した深夜である。わたくしが仕事場としている部屋は、テレビの倒壊、書籍の散乱など足の踏み場もないほどであった。幸いだったのは、しばらく続いていた停電の状態が回復し、被災地・被害の様子をテレビによりリアルタイムで視聴することができたことである。

かくしてわたくしは、岩手・宮城・福島の太平洋沿岸地域が大震災に伴って発生した大津波により、かつて経験のない大災害に見舞われたことを知った。しかし、東電福島第一原発事故が生じるなどとは、その時は全く考えもしなかった。わたくしは原発に関する〝安全神話〟にあまり疑念を抱かず、原発の平和利用の意義と効果を喧伝する政府・企業・関係諸機関の言動を、さほど緊張感をもたずに受け止めてきた。したがって、各地の原発設置への経緯や歴史にも暗く、実態について関係図書を読む機会もほとんど持たずにきた。広くは政府の進めてきた原子力の〝平和利用〟政策について、狭くは福島県における原発設置について、関心はまことに希薄であったのである。いまさらながら不勉強が悔やまれるとともに無智を恥じるばかりである。このように原発に不案内で過ごしてきたわたくしでも、事故発生後次々に発生する諸問題と、それに対応する政府・東電・関係諸機関の姿勢にはさすがに大きな疑問が湧き、原発政策・事故被災者への関心は日を追って高まるばかりであった。

2　浪江町避難知人からの便り

政府・東電からは何の恩恵も受けず、結果的に犠牲のみを負わされることになった浪江町の人びと。生業を奪われ家族や友人との楽しい語らいの場を壊され、さらには慣れ親しんできた土地を追われ、また避難の途次や避難先で命を落とされた浪江町のひと・ひと、………。個人的に親しくさせて頂いていた方はどのように過ごされているのか、当初は情報を得られず、心配・焦りが募るばかりであった。やがて大和田氏から、教員として最初に赴任した喜多方市在の教え子らがいち早く住まいを確保してくれたので同地に避難したとの連絡を受けた。以後は電話での応答で逐次状況を知ることができるようになったので安堵した。しかし渡辺博之氏とはなかなか連絡が取れず、また交信が取れるようになって以後も、その居場所がいつも異なっているなど、ご苦労が察せられた。借家住まいでもようやく落ち着く場を得たのは半年後のようである。次の書簡を頂戴した。

〇前略

昨日はお電話有難うございました。先生のお気持ち充分に察する事の出来た一時でした。お声を、有難うございました

昨日は、朝早く福島を出て、自宅（浪江）まで出向いての帰りの車中でした。自宅は「立入禁止区域」内の位置にあるので、役場の方にて一時帰宅の許可を得て、用件を見つけては、確認を理由に出向いている処です……。不自由を感じる事もなく、成す事もなく、退屈さを凌ぐ手段の一つです……？

何時になれば以前の生活に戻る事が出来るのか、と一抹の不安を感じ、諦めの境地をも芽生えたかの如く、福島の地に居座ってしまった感じです。突如として襲われた揺れと共に、まさかの放射能の漏れが加わり、町民挙げて避難への途を走り、何時戻れるかの保証もなく、行き場を失った輩となって避難所を渡り歩く者等様々です。

政府の方でも、避難解除が遠のくかの発言、報道等にもみられる様になって来た様な気がするが、原発事故発生の当初から想定されてゐた事であった筈、腹立たしい限りです。政府、東電では再三の掩蔽工作等を重ね、時間稼ぎをして来たものの、現実に適う方向には至らず、焦りが見える感がしない訳でもない。新しい内閣となって、今度こそはと見て居れば、早速愚見を発し、陳謝、撤回、辞任と走る大臣が又一人……哀れ……？

こんな事を見てゐるより、一日も早く自宅に戻り、自作の政策をもって、憲法第二十五条に頼らずとも生きれる姿を、早く取り戻したいものです。現状では、家に帰っても、隣近所に全く人影もなく、田んぼ、畑は雑草の宝庫、一人歩きには全く淋しい状況です。周囲を眺め乍ら考えさせられた一日でした。

取り留めのない事を書き並べました。現況報告の積りでしたが、不才な文章にて失礼致しました。当方家族一同皆元気です。ご放念下さい。

九月十一日

不一

渡辺博之

安在

御家内　　様

（封書。消印平成二三年）

○台風一過と云われるも、静かな朝を迎えました。

都内も直撃を受け、大部激しかった様子でしたが、如何でしたでせう。私共の処は夜半の通過とあって、全く何処吹く風、と云った処でした。

過日はお見舞いの品を御送付頂きまして、誠に有難うございました。お心遣いに感謝致して居ります。御馳走様でした。

田んぼの一面も見えない処、街中にゐるので台風等も気にせずのんびりとして居られるのが不思議です………。何時もなら穂先の重くなった、稲の倒伏はないのか等と、早朝に出かけてゐくのが常でしたが………。台風によって放射能も少しは希薄になってくれたのではと思い、近日中に周辺の確認に行かねばと考えてゐる処です。村に帰っても誰一人居らず、寂しい限りですが、一日も早く帰りたいの一念に尽きるところです。

大和田君とも、以来会う機会がなくなったが、彼らしい忙しさを満喫してゐる姿が見える様です。なんか、愚痴りたくなりそうなので失礼します。御礼旁々………。

御自愛専一に

不一

渡辺

安在様

（封書。九・二二の日付、消印平成二三年）

○暑中お見舞い申しあげます。

震災、原発事故、異常気象と、多様な現象の中に埋没し、身の置き場を失ったとは、この事でせうか。避難に走り三年、最早自宅をも異常と云へる状況となり、住める状態ではなくなったと判（決）断、本年三月末より表記住所地へ移動、避難生活を続けて居ります。この先（不明）避難解除となって

も、当分の間旧自宅に戻る事はないものと諦めて居る処です。以上、お知らせまで　不一
　機会が有りましたらお寄りください。
　御自愛を祈ります。
（葉書。消印平成二五年八月六日）

　ちなみに、大和田氏も渡辺氏も浪江町への帰還を断念し、奇しくも同じ二〇一三（平成二五）年、大和田氏はいわき市に、渡辺氏は福島市にそれぞれ新しい家をお持ちになられた。しかし、ご両人共それからまもなく他界された。心身の疲労が急逝の因と推測される。ご本人の無念さはいかばかりかと思い、またご遺族の胸中を察する時、言葉もない。ただご冥福をお祈りするばかりである。

故渡辺博之氏（写真提供渡辺よし子氏）

　さて、知人に関しては以上のような消息を得ていたが、しかし、町民全体の動向・実状に関しては認識・把握できない状況でいた。思い出深く愛着のある浪江町の皆さんは、どのような避難生活を送られておられるのか、実状を知りたいとの念は日を重ねるに従って増幅した。この思いがやっと叶い、旧平石小学校仮設住宅で生活されておられる方々と知り合うことができたのは、被災後二年も過ぎた二〇一三年五月であった。貴重なそのご縁を作ってくださったのが熊本県にお住まいの方で、前掲高野和子さんである。

3　高野和子さんのこと

—浪江町と二本松市の奇縁を作ってくださったひと—

　高野さんは早稲田大学法学部を卒業後郷里の熊本県に戻られ、第二部で記載の通り現在同県合志市の職員としてご活躍の方である。知己を得たのはわたくしが早稲田大学文学部（現文学学術院）に勤務していた時で、同学

部の教員室受付で学生職員として勤めておられたのがご縁であった。高野さんによると、旧平石小仮設住宅で過ごす浪江町の方との交流を得る契機となったのは、インターネット検索による偶然とのことであるので、まことに不思議なご縁である。原発事故でふる里を追われた浪江町の方々の多くが避難先と定められた地が、わたくしの郷里であったのも奇縁である。が、旧平石小学校仮設住宅の方とのご縁を作ってくださったのが高野さんであったことは、さらなる奇縁としか言いようがない。

高野さんに関しては、第二部で自己紹介と手記を収めさせて頂いた通りである。自らの地が大震災を蒙り市職員として復旧・復興の任を果たすべく厳しい日々を送りながら、遠く離れた福島県浜通り地方の復興をライフワークと決めておられる。使命感に燃えたその幅広いご活躍には、ただただ頭が下がるのみである。高野さんは、前掲「自己紹介」で趣味を農作業・手品・茶道・着付け・旅行・外国語学習と記している。この記述からだけでは単なる〝多様な趣味の持ち主〟と理解されがちである。が、実は深い意味をもっている。そこには高野さんの並々ならぬ仕事への配慮・使命感が込められているのである。以下、この点について若干言及しておく。

東日本大震災が発生してから三年後（二〇一四年）の四月、高野さんはそれまでの総務課法制執務担当から生活保護査察指導員として福祉課に戻り（総務課の前、生活保護ケースワーカーとして福祉課に配属・勤務）、以後生活保護・生活困窮者自立支援関係業務に関わることになった。概してそのお仕事は「貧困、虐待、犯罪、疾病・障害などあらゆる問題を複合的に抱えた世帯の支援」（二〇一六年四月七日付書信）で、住民奉仕を任とする公務員にとっては基本的にして重い任務である。

高野さんが趣味の最初に〝農作業〟を挙げられたのも、人びとの生活に関わるこのようなお仕事と深く関係している。すなわち、生活の基本としての食生活、その要たる米の尊さを知り、米作の重要性を再認識しつつあった折、東日本大震災に遭遇した。そこで〝コメ作りは被災者の食料危機に役立つ〟との思いを強く抱き、早速コメ作り（うるち米・もち米）に着手、イネの苗床づくり・田植えから稲刈りまでを自ら実践し、収穫した新米を福島・旧平石小仮設住宅の避難者に継続的に寄贈するに至ったのである。また農作業・耕作作業は、新たな可能性に繋がることにもなった。具体的に記せば、配属先の福祉課勤務で得た経験と絡めて、「刑余者・引きこもりなどの社会復帰に農作業等を生かしてみたい」という構想を新たに持つようになられたのである。そして現在、後述のように高野さんはその実践に努めておられる。

〝手品〟については、地元の敬老会やお祭り、介護施設、保育所、学校などに出て、余興・実演（マジックショー）のボランティアを行っていると伺っていた。旧平石小仮設を訪問した際に実演して下さったが、それは実に見事な「ショー」で、参集者の心を大いに慰めて大好評であった。高野さんによれば、海外滞在の折現地の方々との交流の手段としてもよく披露されるとのことである。

また、国際線の飛行機に乗る日以外、外国ではなるべく和服で過ごし、それが正式の訪問の場合には、正装（二重太鼓）で対応されるという。すなわち、茶道・着付けなどの〝嗜み〟は、日本文化の一つの修得とともに、わが国の文化を世界へアピールすることも意図しての実践なのである。

外国語の学習もこのことと繋がっている。直近でも、二〇一四（平成二六）年にはラオス・中国、二〇一六（平成二八）年にはドイツ・チェコ・オーストリア・ハンガリー、そして二〇一七（平成二九）年はフランス（三月）へと出かけている。ちなみにフランス行きは大学時代のゼミ指導教授との「社会的弱者を雇用して自立を図る社会福祉農園」の視察である。農・法・福祉の提携はまさに高野さんの任務への使命感の表白・実践であり、その精力的ご活躍には心底敬服する。昨年（二〇一六年）四月には、耕作放棄田での稲作と福島県へのコメの送付、自転車でのゴミ拾い通勤、保育所・介護施設での手品ショーなどのボランティア活動等々が高く評価され、市長より表彰を受けている。さもありなんの思いである。東日本・熊本両大震災は、まことに不幸な体験であった。しかし、そこから模範となる、あるべき人間・人間関係が生み出された。このような人間力を、今後の被災地復興、ひいては未来の地域創造の原動力としていかなければならない。

4　避難生活六年余・避難者に生じている葛藤

東日本大震災・原発事故からすでに六年余の歳月が流れた。二〇一七（平成二九）年三月末、「帰還困難地域」を除き避難指示が解除されたことは、事故後の歴史の大きな転換点である。単純に計算すれば、避難指示解除による浪江町による解除予定者は一万五三二七人、解除未定者は三一三七人（ちなみに二〇一七年三月現在浪江町の人口は一万八四六四人）である（『朝日新聞』二〇一七年三月六日）。しかし、避難指示が解除されふる里を追われ異郷で暮らすことを余儀なくされている人びとに、今、あらたな問題が生じている。新聞記事からそのことを伝える声を拾うと、例えば次のような問題である。

○「私の気持ち　避難者の自治会　意見に揺らぎ」

浪江町から、同じ浜通りの相馬市に原発避難をしております。この5年間は、浪江町は近くて遠いふるさとでした。原発から7キロの浪江町は、放射線量が高く、一時帰宅するには、町役場に申請して、車両ナンバーを印刷した許可証をもらい、検問所を通り、防護服に着替え、定められたルートのバリケードを開けてもらって、やっと我が家に立ち入るという手順でした。お墓参りにしてもそうでした。

六年目に入った四月、除染が進んでいるとの区域会長の判断で、バリケードは取り払われ、自由に自宅に帰れるようになりました。首に下げた線量計も以前のように鳴らなくなりました。除染で庭の樹木や芝生も根こそぎはがされ、黒いフレコンバッグが庭先に積み上げられ、これが復興が進む第一歩なのです。避難先で発足した自治会には、津波で家を流された人、帰還困難区域の人、あきらめて避難先に家を求めた人、解除になったら帰るつもりの人と多様に分かれ、当初はまとまっていた会に、揺らぎが出てきました。

避難解除を踏まえた説明会では「放射線量が残っている町に無理に帰りなさいというのなら、あなた方が家を建てて住んではどうか」という環境省の方に言った人がいて、大きな拍手が湧きました（福島県相馬市、主婦、根本洋子　74歳、『毎日新聞』2016／8／11）。

○「福島・浪江　住民懇談会
性急な帰還より町の将来示して」

福島県原発事故で全町避難する福島県浪江町は、来年三月の帰還開始を見据えた住民懇談会を終えた。参加者からは放射能への不安や、帰還に向けた日程提示を急ごうとする国の姿勢に批判が相次いだ。町には「町の将来像を示してほしい」という要望が出された。

懇談会は六月二十三日～七月五日、東京、仙台と県内の計八カ所であり、延べ約千二百人が参加した。目だったのは国に対する質問や意見だった。放射線について「山林の除染をしなければ、いったん下がった住宅地の線量が風の影響などで戻ってしまうのではないか」「除染後のチェック体制を整えてほしい」といった声が上がった。

「国が一方的に決めるな」との意見が出たのは今後の日程問題。国は「八月中旬に特例宿泊」「今年秋にも準備宿泊」「年明けまでに避難指示の解除時期明示」と目標を示している。

政府は昨年六月、帰還困難区域以外の避難指示を来年三月末までに全て解除する方針を閣議決定した。二〇二〇年東京五輪の前に、福島の安全性を示したい国の考えを踏まえて、住民は、「東京五輪に向けて、前のめりになっている」などと指摘した。

生活インフラでは、町が診療所や仮設商業施設などの整備状況を説明。同県会津若松市に避難する会社員森山智光さん（三九）は「町内に復興公営住宅を建てると聞き、安心した。早く帰りたい」と評価した。「役場周辺の整備ばかり目立つ」という指摘も多かった。帰還困難区域と接する加倉地区に実家がある福島市の主婦（五五）は「帰町開始後の町全体の将来像があまり見えなかった」と残念がった。帰還困難区域に関しては、国が夏までに新たな方針を示す予定。ただ、具体的な説明は乏しく、「町として対応を決められないのか」と求める声が相次いだ。

馬場有町長は、国に前もって除染や拠点整備の計画を提案する意向を表明。「帰還困難区域がなくなり、全町民が帰れる環境になるまで帰町宣言はしない」と強調した（『東京新聞』二〇一六年七月一四日）。

事故当初避難を命じられた人びとの地域は、「警戒地域」「計画的避難区域」「緊急時避難準備区域」などに分けられていた。避難後は、周知のように放射線量の多寡による帰還の可能性に応じて、「避難指示解除準備地域」（放射能の年間積算線量二〇ミリシーベルト以下）「居住制限地域」（同二〇〜五〇ミリシーベルト）「帰還困難区域」（同五〇ミリシーベルト超）に、それぞれ分けられている。そして現在、放射能年間積算線量五〇ミリシーベルト以下の地域に関しては、「帰還政策」が採られ、帰還が進められている。しかし、①帰還政策の進め方＝被災者・避難住民の声を重視する姿勢で帰還政策が進められているか否か、②帰還後の生活環境＝インフラ整備・商業施設・医療施設・学校・交通手段などの問題が解消されているか否か、③放射線への不安＝除染作業や汚染水の処理は充分になされているか否か、廃炉作業は順調に進行するのか否か、④賠償問題＝帰還によって賠償問題はうやむやにされてしまうのではないか等々、未解決の課題やあらたに生まれた問題が山積している。

5　詩「省略させてはならない」を国民の声に

わたくしが交流させて頂いてきた二本松市旧平石小仮設住宅で生活されていた方々は、人災でもある原発事故の被害者・被災者でありながら、政府・東電を激しく非難・批判するわけでもなく、責任追及に奔走するわけでもなく、また声高に補償・賠償を求めているわけでもなく、淡々とした日常生活を送っているように思われる。生きる、生きて行かなければならないという庶民の生活力が、そこにはしっかりと示されている。しかし、わたくしには、それはあくまでも〝生活力〟の表象であって、真の〝生活〟を示すものではないように思われるのである。すなわちわたくしたちは、原発避難者の生活の営みには、人間固有の喜怒哀楽が表出されていないことに思いを致さなければならない。そのような意味で、浪江町の一詩人が触れた一文に、わたくしは心を動かされる。詩人の声にわたくしたちは謙虚に耳を傾けなければならないとの思いを強く抱く。次に見る一文である。

○ 浪江町の詩人の訴え

福島県の浜通りに住む詩人みうらひろこさん（七四）の詩集『渚の午後に』に、「省略させてはならない」という詩がある▼みうらさん一家は五年前の原発事故で、浪江町の自宅から離れることを強いられた。事故が起きても、町には東京電力から連絡がなく、町長らはテレビで避難の必要を知った▼みうらさんは、東電が〈私達浪江住民達を／住民以下と切り捨て／省略してしまったのだ〉と憤り、こう続ける。〈私達は省略されてはならない／私達は切り捨てられてはならない〉▼だが、そんな思いも切り捨てられるのか。まともに機能しそうな住民の避難計画も整わぬまま、原発は再稼働している。原発の安全性を審査する原子力規制委員会は、避難計画は審査しない。住民の安全に責任を持つべき自治体の長には、原発を停止させる法的権限がない▼つまり、原発自体の安全性と避難計画を総合的に判断する権限を持った責任者は、いない。本当の責任の所在が省略されたままなのだ。そういう現状に一石を投じたのが、きのう鹿児島県知事が九州電力に要請した川内原発の一時停止だろう▼みうらさんは、うたっている。〈私達の心に今でも突き刺さっている／哀しい眼をして訴えかけてきた／置き去りにしてきた家畜やペット達／……穏やかで幸せだった暮らしの日々／それらを省略させてはならない／切り捨ててはならない〉（「筆洗」『東京新聞』二〇一六年八月二七日）

＊「筆洗《ひっせん》」は『東京新聞』第一面に掲載のコラム。

原発事故は、記憶に残っている大きな事例だけでもスリーマイル（アメリカ）・チェルノブイリ（旧ソビエト）・東海村（日本）等々がある。報道はされていないが、地域の住民にとっては恐怖と思える小さな事故はたびたび起こっている。東電福島第一原発事故は、地域住民から素直に笑い涙する日々、親と子、親・子・孫が周囲に気兼ねなく一緒に食事し寝起きする日々を奪った。死を早めた被災者も多くいた。わたくしたちはこの事実・現実に目を背けてはならない。このことはまた、そのような人命や日常を奪った原発のもつ悲惨さ・恐ろしさを国の内外を問わず多くの人びとに発信していく義務を、わたくしたちが背負ったことも意味する。このことに思いを致す時、大震災・原発事故後の浪江消防団の対応・心情を描いたアニメ映画「無念」の作成とフランスでの上映などは、浪江町長・町民が声で参加しているという意味でも、大きな意義を有している。このことについての新聞報道を次に掲げておく。

○世界に問う事故の「無念」

浪江消防団描いたアニメ　仏で上映

東日本大震災による津波で福島県浪江町の請戸《うけど》漁港付近は壊滅的な被害を受けた。生き残った人が今でも歯ぎしりするのは、直後に福島第一原発の事故が起き、がれきに埋もれた被災者を見捨てて避難せざるを得なかったことだ。当時の地元消防団の苦悩をえがいたアニメ映画「無念」が来年（二〇一七―注編者）三月、フランスで上映することが決まった。「原発大国の人々に原発事故の本当の悲惨さを伝えたい」と関係者は意気込んでいる。

約五十五分間のアニメ映画は、浪江町民でつくる「浪江まち物語つたえ隊」と広島市の市民グループ「まち物語制作委員会」が今年（二〇一六―注編者）三月に完成させた。いくまさ鉄平さんが監督、福本栄伸さんが絵を描き、俳優の大地康雄さんや馬場有《たもつ》・浪江町長の他、町民十六人が声で参加した。

完成後、自主上映会を開催する団体を募集したところ、申し込みが殺到。これまでに全国の三百カ所以上で上映された。さらに、このほど英、仏語の字幕が完成。来年三月にパリ、リヨンなど仏国内四カ所で上映会が開催される。上映に合わせて「つたえ隊」メンバーらも渡仏、現地の人々と交流し、被災地の実態を伝える予定だ。「無念」は、浪江町民が自分たちで集めた震災当時の資料や証言に基づいている。

二〇一一年三月十一日。にぎやかな漁師の町だった請戸地区を津波が襲った。たくさんの家屋が倒壊し、住民は下敷きになった。がれきと一緒に海に流された人もいた。浪江町消防団は懸命の捜索を始めた。分団長だった高野仁久さん（五四）は単身で捜索に行き、がれきの下から助けを求める声をいくつも聞いた。対策本部に戻り、「機材を持って救出に行こう」と提案するが、二次被害を恐れた町長らに止められる。この翌朝、約十キロ離れた原発が爆発し、全町避難となった。「救える命を救えなかった無念の気持ちは今でも残る。一生背負っていくだろう」と高野さんは話す。

　あれから五年半経過した今も、請戸地区は帰還困難地区として立ち入りが制限されている。福島県の津波による死亡者は約千六百人。行方不明者は約二百人。その多くがこの地区に集中している。浪江町から県内の桑折《こおり》町の仮設住宅に避難した小沢是寛《よしひろ》さん（七一）らは、故郷の浪江町を忘れないために、震災の翌年から、地域の民話を紙芝居にする活動を始めた。ところが集まってくる物語は、民話ではなく、震災と原発事故の苦難の話ばかりだった。紙芝居をつくるうちに、より発信力の強い媒体はないかという声が出た。そこへアニメ制作技術を持つ広島市のグループが協力を申し出た。大勢の人の気持ちが集まって完成したのが「無念」だった。小沢さんは「浪江町は海と山と川に囲まれた美しい土地だった。そんな故郷を失って悔しい気持ちが活動の原動力になっている。原発は必要なのか。映画を見てフランスの人に判断してもらいたい」と話している（『東京新聞』二〇一六年一〇月四日、福島特別支局長「坂本光孝のふくしま便り」）。

6　被災地から基本的人権を問う

浪江町町長・馬場有氏が講演の折（東京・池袋、二〇一五年三月四日）に配布された資料『浪江町の被災状況及び復興への課題』の末尾は、以下の記述で締め括られている。被災地・被災者から提起された課題として、日本国民一人ひとりが真摯に考えなければならない問題であろう。

日本国憲法

第13条（幸福追求権）すべて国民は、個人として尊重される。生命、自由及び幸福追求に対する国民の権利については、公共の福祉に反しない限り、立法その他の国政の上で、最大の尊重を必要とする。

第25条（生存権）すべて国民は、健康で文化的な最低限度の生活を営む権利を有する。

2　国は、すべての生活部面について、社会福祉、社会保障及び公衆衛生の向上及び増進に努めなければならない。

第29条（財産権）財産権は、これを侵してはならない。

2　財産権の内容は、公共の福祉に適合するやうに、法律でこれを定める。

3　私有財産は、正当な補償の下に、これを公共のために用ひることができる。

『毎日新聞』二〇一七（平成二八）年一月一一日の「私の気持ち」という欄（「希望新聞」）に、「半世紀前の教え子からはがき」という見出しで次のエッセイが掲載されている。かつて浪江高校で教壇に立った一教員の一文である。

２０１１年3月の福島第一原発事故後、私は福島県南相馬市から神奈川県に避難した。借り上げマンションに妻と長女、1歳の孫娘の４人で不安な生活を送っていた。するとその年の6月に「先生お元気ですか。みんな心配しています」というはがきが転送されてきた。それはなんと、約50年も前の、教員としての最初の赴任地、福島県立浪江高校津島校（浪江町）の教え子からだった。

教え子といっても私の5歳下で還暦も過ぎ、自分も家族と原発事故に追われた被災民なのにと涙が出た。早速返信し、お互いの無事を確認。9月に東京・渋谷で同級会を開いてくれた。私の姿を見るなり泣き出す教え子もいた。

満州引き揚げ入植者の2代目も多く、親の代から苦労して手にした生活を奪われた怒りと苦悩を次々に訴え、私は励ましの言葉に窮した。以来隔年で開催し、昨年は県内の磐梯熱海温泉にクラスの半数が出席。母校はこの春に休校になることを伝えた。「甲状腺がん子ども基金」のことを話すと全員が応募してくれた。孫もいて人ごとではないのだ。

最後に私から「もう先生と呼ばないで」とお願いした。古希の年の、本当にありがたいひとときだった。（福島市、無職、山崎健一・71歳）

初めて教壇に立つ使命感に燃えた一青年教師と、これを迎えた浪江高校卒業生の爽やかな出会いを想い起こさせる一文である。教場でほとばしり出た心の火花は、以後半世紀を経ても散り去ることなく、時空を越えて飛び交っている。精神の豊かさを生むものは決して物質ではないとの思いを改めて強く認識する。本文から教えられることは、他にも多くある。

第一は、アジア・太平洋戦争後の満州引き揚げ入植者の苦悩の生活の日々、第二は、辛酸をなめ尽くしながらも造成してきた生活の基盤、第三は、それを根こそぎ奪われた怒りと苦悩、第四は、そのような境遇に置かれても、いやそれゆえに「甲状腺がん子ども基金」への応募は惜しまないという姿勢等々である。

福島県の子供の甲状腺がんの問題については、〝原発事故との因果関係は認められない〟として関係者の検査に政府・自治体は消極的である。しかし、このような姿勢でよいのか。甲状腺がんを患っている、あるいはその疑いのある乳幼児の数が、たとえ他県と比べて違わないにしても、比率が少しでも高いならなおさら、精密な検査を重ねるべきではなかろうか。

いずれにしても、生活を根こそぎ奪われた原発事故被災者は、国家・東電による〝被害民〟である。〝安全神話〟が声高に説かれる一方で、汚染物の処理、一旦事故が起こった時の対策、さらには廃炉の処理などの問題が軽視・無視されてきた。東電福島第一原発事故の発生は、原発所在地ではいつでも起こりうることの証明である。この事実は直視しなければならない。このような悲劇を二度と起こらないようにし、自然の美しさ・恩恵を守るためにはどのような施策・姿勢が求められるのか。回答はただ一つ、原発政策の中止、とわたくしは思う。

自然の問題に関して記せば、福島県人にとっては実に悲しむべきことが新聞で報じられた。「福島の子どもたち、野外遊びを楽しむ。町田の市民有志が招待」(『東京新聞』二〇一七年五月七日)の見出しの記事である。周知のように福島は「うつくしまふくしま」の言葉で自然環境のすばらしさを誇りとして観光客の招聘に努めてきた。しかし現在は、自然を満喫してくださいと〝招待される〟地となっているのである。種類の豊富さと美味しさを誇りとした果物・野菜・魚介類は、厳しい放射能汚染検査により〝安心宣言〟が出されたとしても敬遠されているのが実態である。いわれなき〝いじめ〟に遭っている避難民の子どもたち、被災民を愚弄する言動でなにかと話題を呈し交代を繰り返す復興大臣のお粗末さなど、原発事故のもたらした問題は計り知れず、重大かつ深刻な状態は、いまなお続いている。

「脱原発憲法」(『絵本　脱原発憲法』絵と文：橋本勝編集：「絵本　脱原発憲法」編集委員会、発行：特定非営利活動法人　有害化学物質削減ネットワーク、二〇一六年七月一日)がある。次のように綴られている。

【脱原発憲法】

①原発は
ひとたび事故となると
その被害は　空間的にも、
時間的にも　はかりしれない
国策として進められた原発は
安全を、
クリーンさを、
経済性を　うたいあげてきたが
それらはみな大きな嘘であった
原発の出す核廃棄物は
未来への　大きな負担となる
被曝労働なくして
原発は運用できない
核の平和利用といいながら
原発は核兵器の潜在的能力となる
人類は　原発と共存できない。
②前項の目的を達成するため
新しい原発を作らせない
事故隠しを許さない
日本のすべての原発を止める
原発の輸出をさせない
太陽、風、地熱の自然エネルギーを
開発、実用化する
原発のない日本を
世界を実現する。

アジア・太平洋戦争終結後、本土と切り離され連合軍支配管轄下に置かれようとした大島の住民は、自らの憲法を作成して自分たちの住む地域＝郷土を守ろうとしたことがあった。幸い連合軍の特別な支配下に置かれるという事態は生まれなかったが、住民の行動は記憶に留められて然るべきことである。原発事故に遭い、物心両面においていままでに味わったことのない苦しみを体験するに至った福島県（と、トータルに呼んでおく）である。この悲劇・惨状を歴史に刻印し、教訓として未来に活かすためにも、原発事故・放射能被災という惨事に関わる「県詞」あるいは「県憲法」のようなものが作成されてもよいのではないか。東電福島第一原発事故から六年余を経てあらたな段階を迎えた今、二本松市旧平石小仮設住宅で過ごされた浪江町の方々との交流を通じて強く心に抱く思念は、このことである。

あとがき

東電福島第一原発事故による放射能被災問題は、原発が稼働している所ではいつでも起こりうる〝事件〟です。その意味でも決して風化させてはならず、その悲惨さを歴史の教訓として記録し映像に残し後世に伝えていくことは、今生きる者の責務であるように思います。わたくしにとり思い出の多い浪江町の全町民が、原発事故で避難命令を受けたことは大きなショックでした。無意識のうちにわたくしは、同町（民）に関する新聞記事を目にすれば切り抜き、テレビ報道があれば録画をするようになりました。もちろんわたくしの読む新聞は中央紙で種類も極めて限られています。テレビも同様で極めて限定されています。しかし、それでも切り抜いた新聞記事のファイルや録画したテープ（ＶＨＳ）・ＤＶＤは、結構な数になりました。原発事故の重大さを改めて感じます。とともに、近年は新聞もテレビも報道がほとんどなくなっていることに、〝事故の風化〟が確実に進んでいることもまた実感します。

〝風化〟の問題はともかくその経緯のなか、わたくしは高野和子さんとのご縁で交流が叶った二本松市旧平石小仮設住宅の方々と、新聞の切り抜きや録画テープを素材に、何か話し合う場をもつことができないか、と思うようになりました。そして一度〝ふる里講座〟と勝手に名付けてそのような機会をもちました。しかし、その試みは全くわたくしの独り善がりであることが分り、物事を机上でしか考えていないわが〝高慢さ〟を恥じました。日毎に荒廃の進む被災地、広い立派なわが家がただ朽ち果てていくのを見ていることしかできない現実、バラバラにされた地域の繋がりやご家族、働く場を失い時間との向き合い方に苦悩する方々などの実態を目の当たりにして、原発問題を考える意味を改めて問われた思いをしました。

語らない、文字として残すことのない歴史の主人公たる多くの人びとの営為の軌跡・記憶は、どのようにすれば読み解けるのか、またどのようにすればこれからの世代の方々に伝えていくことができるのか。これは歴史を学ぶ者に与えられた大きな難しい課題です。本小冊子は後者の問題へのささやかなわたくしの一つの回答として編みました。二〇一七（平成二九）年二月末に訪れた際の旧平石小仮設住宅は、とても静かで寂しさを覚えるほどでした。集会所には人影も無く、室内に貼られた写真や置物のみが、かつての賑わいを伝えていました。正直過去のその〝賑わい〟に郷愁さえ覚えました。しかし同時に懐かしく想い起こすことにはためらいも感じました。なぜなら、本来あってはならないことであったからです。

入居当時六〇戸余を数えた旧平石小仮設住宅も、時の経過に従い落ち着き先を求め一戸一戸と仮設を後にして行きました。二本松市にある仮設住宅は、今後この旧平石小仮設に集約され、少なくとも二〇一九年三月まで本仮設住宅は残されると聞いています。しかし、その任を果たし終えた建物は、やがて取り壊され、何事もなかったようにそこはまた旧平石小学校の校庭に戻ることでしょう。原発事故に遭い退避・避難生活を送ることを余儀なくされた浪江町の皆さんのここでの営みなどはすっかり忘れ去られて……。この地、この仮設住宅で造形された原発被災者の避難生活の歴史が記憶され後世正しく伝えられること、そしてここに住まわれた方々が、浪江町に戻られて、あるいは新しく得た地域で平穏な生活ができるようになりますことを祈るばかりです。

本書の表紙の写真は、旧平石小学校仮設住宅で生活された方々が最も好まれ、書類や記録を整理する際には必ず表紙として用いていたとのことでした。仮設住宅の周辺に咲く桜の花に浪江町の桜を重ね、同地での想い出を日々の生活のエネルギーとしていたことが容易に想像されます。表紙とさせて頂いたゆえんです。

さて、本書の編集・刊行は、多くの方のご理解とご協力により成りました。特に高野和子さんには大きなお力添えを頂きました。なによりも、高野さんの橋渡しがなければ、わたくしは旧平石小仮設住宅の皆様との出合いはありませんでした。自らの地も大地震に遭い大変な状況下にあるにも拘わらず、避難生活当初より物心両面で温かい手を差し伸べ心を寄せて下さいましたことに、旧平石小仮設の浪江町の方々はどれだけ生きる力、希望と喜びを得たことでしょう。

本書の題「それでも花は咲く」は、高野さんの発案です。高野さんは、浪江町谷津田地区に居住されていた後述の宮代美紀子さん宅のご案内を受けた際、スイセンの花がきれいに咲き誇っているのを見て、「主もいない、見る人もいないのに花はそれでも季節を忘れずに咲いている」と感じ、咄嗟に〝それでも花は咲く〟との言葉が浮かんだそうです。ご多忙ななか原稿のチェックもして頂きました。心底感謝し御礼を申しあげます。

次に仮設住宅の方々です。サブタイトルの文言「福島（浪江町）と熊本（合志市）をつなぐ心」は、両地域をつなぐ心を大切にしたいという浪江仮設住民の方々の強い気持ちを表現したいと思い、住民が高野さんに送られた「寄せ書き」の一文から着想、記させて頂きました。仮設住民の皆様では高野さんのご紹介を通して存じあげ、以後の交流の連絡の役を果たして下さいました渡邉悦子さん、第二代自治会長としてご尽力された天野淑子さんには特にお世話になりました。また、第一代自治会長吉田友治様には初期懇親会の設定などにおいて、第三代自治会長高野紀恵子さんおよび渡部恵子さんには、手記の収集・整理などでお力添えを頂きました。宮林和子さん・松本テルさん・関澄子さんには収録の写真で、浪江の現地視察・自宅のご案内では宮代美紀子さんにそれぞれお心遣いを頂きました。手記をお寄せ下さいましたことと併せ、訪問の折は、温かくお迎え下さいました旧平石小学校仮設住民の皆様、写真や履歴等々でご協力・ご示教を頂きました故大和田秀文さん・故渡辺博之さんのご遺族、本書の刊行になにかと高配を頂きました随想舎の石川栄介様、各位に対して心よりお礼を申しあげます。

また、末尾になりましたが、記事・資料・写真等々の転載・収載を快くお認め下さいました、京都新聞・西日本新聞・毎日新聞・共同通信各社および浪江町役場・坂東玉三郎様に深く感謝申し上げます。

なお身内のことで恐縮ですが、日独交流イベントや、演奏会で忙しいなか、ドイツの報道記者のインタビュー記録（ＤＶＤ）を日本語に起こす作業を快く引き受け、さらには手記も寄せて下さった姪の大治はるみさんに厚くお礼を申しあげます。最後に、文字通り私事ですが次の一文を記すことをお許しください。日頃私の作業環境の整備と健康管理に最善を尽くしてくれている妻奈美に心より感謝し、本書を贈ります。

二〇一七年七月

安在邦夫

［編著者紹介］

安在邦夫（あんざい くにお）

1939年、三重県生まれ。
早稲田大学教育学部を卒業し、同大学大学院文学研究科史学（日本史）専攻博士課程を修了。専攻は日本近代史。早稲田大学第二文学部長・同大学史資料センター所長・同大学総合研究機構「自由民権研究所」所長・同大学人権教育委員会委員長・神奈川大学特任教授・東京歴史科学研究会代表委員等を歴任。田中正造全集編纂委員会メンバーとして同全集第2～5巻の編集を担当。
早稲田大学名誉教授。
主な著書に『立憲改進党の活動と思想』（校倉書房）、『自由民権の再発見』（共著、日本経済評論社）、『自由民権運動史への招待』（吉田書店）などがある。

刊行のことば

中国で発明されたとされている木版印刷で初めて多部数の出版物が出現してから現在まで、数知れない点数の出版物が刊行されてきた。その一点一点には、「伝えたい」という出版者の熱気があり、それをむさぼり読んだ読者が必ずいたことと思う。

「ずいそうしゃブックレット」は、最初に木版印刷で出版物を出版した人たちの熱気に幾らかでも迫り、何事かを伝えたいひとを著者として、何事かを知りたいひとを読者として、両者の出会いをつくっていく場にしたいと思う。

さらに、著者と読者が柔軟に入れ替わり、著者が読者に、読者が著者になるような関係が造り得れば、出版社として今の文化状況に何かしら触れ得ているのではないかと考える。

ずいそうしゃブックレット20
それでも花は咲く
福島（浪江町）と熊本（合志市）をつなぐ心

二〇一八年四月一〇日　第一刷発行

編著者　安在邦夫
発行所　有限会社 随想舎
〒320-0033
栃木県宇都宮市本町10-3 TSビル
TEL 028-616-6605
FAX 028-616-6607
振替 00360-0-36984

ISBN 978-4-88748-346-0